Eleni Contiades-Tsitsoni
Hymenaios und Epithalamion

Beiträge zur Altertumskunde

Herausgegeben von
Ernst Heitsch, Ludwig Koenen,
Reinhold Merkelbach, Clemens Zintzen

Band 16

Springer Fachmedien Wiesbaden GmbH

Hymenaios und Epithalamion

Das Hochzeitslied in der frühgriechischen Lyrik

Von
Eleni Contiades-Tsitsoni

Springer Fachmedien Wiesbaden GmbH 1990

ISBN 978-3-663-12174-9   ISBN 978-3-663-12173-2 (eBook)
DOI 10.1007/978-3-663-12173-2

CIP-Titelaufnahme der Deutschen Bibliothek

Contiades-Tsitsoni, Eleni:
Hymenaios und Epithalamion:
Das Hochzeitslied in der frühgriechischen Lyrik /
von Eleni Contiades-Tsitsoni. – Stuttgart: Teubner, 1990
(Beiträge zur Altertumskunde; Bd. 16)
ISBN 978-3-663-12174-9
NE: GT

ΕΙΣ ΜΝΗΜΗΝ

Ἴωνος Ξ. Κοντιάδη

1938-1970

VORWORT

Seit 1913, als Erwin Mangelsdorffs Buch über das lyrische Hochzeitsgedicht bei den Griechen und Römern erschien, ist nichts mehr darüber in Form eines Buches hinzugekommen. Wer heute etwas über die Epithalamien schreibt, verweist auf ihn. In seiner Einleitung bedauert der Verfasser, »daß von der reichen Hochzeitspoesie der Sappho so wenig erhalten ist, da Sappho wohl als erste die bei der Hochzeit üblichen Lieder eingeführt hat«. Aber 1977 sind Papyrusfunde mit Fragmenten Alkmans ans Licht gekommen, deren Herkunft aus Hochzeitsliedern bzw. Hochzeitserzählungen vermutet wird (P.Oxy. XLV 3209 und P.Oxy. XXVI 2443 fr. 1 u. P.Oxy. 3213).
Ein Jahr nach dem Erscheinen von Mangelsdorffs Buch wurden zwei Hochzeitslieder Sapphos auf Papyrus gefunden (P.Oxy. X 1231 fr. 56 und 1232, col.II). 1926 kam ein neuer Vers auf Papyrus hinzu (P. Bouriant 8 fr.3 col. VI 92), der aus einer mythischen Hochzeitserzählung zu stammen scheint. Ein für die Epithalamien wichtiger Papyrusfund wurde 1951 von Lobel publiziert (P.Oxy. XXI 2294).
Mangelsdorff mußte noch vielfach mit unzulänglichen Hilfsmitteln arbeiten. In den Jahrzehnten seither hat die editorische Erschließung der altbekannten wie der neu hinzugekommenen Texte stetige Fortschritte gemacht; es genügt, an Lobel/Page und Voigt zu den lesbischen Dichtern zu erinnern.
Der nächste Beitrag zum Hymenaios war nach Mangelsdorff der wegweisende Artikel von P.Maas 1914 in der RE. Die Sekundärliteratur ist besonders bei Sappho gewaltig angewachsen. Wie vieles kontrovers ist, zeigt der Streit um Fragmente, deren Zugehörigkeit zu Epithalamien teils

behauptet, teils geleugnet wird; fr. 31 V. (φαίνεταί μοι κῆνος) ist das bekannteste Beispiel.

Die vorliegende Arbeit wurde während eines Forschungsaufenthaltes in Köln verfaßt. Ich möchte an dieser Stelle allen danken, die mir in irgend einer Weise geholfen haben. Ich danke der Abteilung für klassische Philologie der Universität zu Athen, die mir diesen Aufenthalt in Deutschland ermöglichte, und meinen griechischen Kollegen, die meine Lehrpflichten während dieser Zeit übernommen haben. Mein Dank gilt auch dem Deutschen Akademischen Austauschdienst, der mir ein Stipendium gewährt hat, womit ich die letzten zwei Monate meines Deutschlandaufenthalts finanzieren konnte. Den Mitarbeitern des Instituts für Altertumskunde der Universität zu Köln danke ich für manche Erleichterungen bei meiner Arbeit. Ich danke den Herausgebern der Reihe »Beiträge zur Altertumskunde«, insbesondere Herrn Prof. Dr. R. Merkelbach, für die Aufnahme der Arbeit. Mein besonderer Dank gilt Herrn Prof. Dr. R. Kassel für seine unermüdliche Beratung, seine kritischen Hinweise und darüberhinaus für die Durchsicht des Manuskripts.

Köln, April 1988.   Eleni Contiades-Tsitsoni

Inhaltsverzeichnis

Verzeichnis der abgekürzt zitierten Literatur

AJA   American Journal of Archaeology
AM   Athenische Mitteilungen
ALG   Anthologia Lyrica Graeca, ed. E.Diehl
                  (2 Bde. m. Suppl.) Leipzig 1936-1942^2
APF   Archiv für Papyrusforschung
Becker   W.A.Becker, Charikles (3 Bde.) Berlin 1877
Blech   M.Blech, Studien zum Kranz bei den Grie-
                  chen. Religionsgeschichtliche Versuche u.
                  Vorarbeiten 38, Berlin-N.York 1982
Blümner   H.Blümner, Zu den griechischen Hochzeits-
                  bräuchen. Festschr. f. G.Meyer von Knonau,
                  Zürich 1913, 1-12
Bowra   G.M.Bowra, Greek Lyric Poetry. From
                  Alcman to Simonides, Oxford 1967^2
Brazda   M.Brazda, Zur Bedeutung des Apfels in der
                  antiken Kultur, Bonn 1977
Bremer   D. Bremer, Licht und Dunkel in der früh-
                  griechischen Dichtung. Interpretationen zur
                  Vorgeschichte der Lichtmetaphysik,
                  Bonn 1976
Brown   A.L.Brown, Alcman, P.Oxy. 2443 fr. 1+3213,
                  ZPE 32 (1978) 36-39
Bultmann   R.Bultmann, Zur Geschichte der Lichtsym-
                  bolik im Altertum, Philol. 97 (1948) 1-36
Burkert, Am.P.   W.Burkert, Papers on the Amasis Painter
                  and his World. Colloquium sponsored by
                  the Getty Center of Art and the Humani-
                  ties, Malibu, California 1987, 43-62
Burkert, Rel.   W.Burkert, Griechische Religion der archa-
                  ischen und klassischen Epoche.
                  Die Religionen der Menschheit Bd. 15,

	Stuttgart- Berlin-Köln-Mainz 1977
CAF	Comicorum Atticorum Fragmenta, ed. Th. Kock, vol. I-III, Leipzig 1880-1888
Calame, Alcman	Alcman. Fragmenta edidit, veterum testimonia collegit Claudius Calame, Roma 1983
Calame, Choeurs	C.Calame, Les choeurs de jeunes filles en Grèce archaïque, Rom 1977
Chantraine	P.Chantraine, Dictionaire Etymologique de la langue grecque, 4 Bde. 1968-1980
Contiades-Tsitsoni	E.Contiades-Tsitsoni, Zu P.Oxy. 2506 fr. 115. Sappho oder Alkaios? ZPE 71 (1988) 1-7
CQ	The Classical Quarterly
Davies	M.Davies, Symbolism and Imagery in the Poetry of Ibycus, Herm. 114 (1986) 399-405
Davison	J.A.Davison, From Archilochus to Pindar, London u.a. 1968
Degani	E.Degani, La donna nella lirica greca. Atti del convegno nazionale di studi sulla donna nel mondo antico, Torino 1986, 73-91
De Heer	C.De Heer, Μάκαρ, εὐδαίμων, ὄλβιος, εὐτυχής. A study of the semantic field denoting happiness in ancient Greece to the end of the 5th century B.C., Amsterdam 1969
Denniston	J.D.Denniston, The Greek Particles, Oxford 1954^2
Diehl	E.Diehl, Fuerunt ante Homerum poetae, RhM 29 (1940) 81-114
Dietel	K.Dietel, Das Gleichnis in der frühen griechischen Lyrik, Diss. München 1939
Dürbeck	H.Dürbeck, Zur Charakteristik der griechischen Farbenbezeichnungen, Bonn 1977
Eisenberger	H.Eisenberger, Der Mythos in der äolischen Lyrik, Diss. Frankfurt a.M. 1956
Elliger	W.Elliger, Die Darstellung der Landschaft

in der griechischen Dichtung, Untersuchungen zur antiken Literatur und Geschichte
Bd. 15, Berlin 1975

Erdmann   W.Erdmann, Die Ehe im alten Griechenland,
München 1934

Färber   H.Färber, Die Lyrik in der Kunsttheorie der
Antike, München 1936

Fauriel   C.Fauriel, Chants populaires de la Grèce
moderne, 2 Bde. Paris 1824-1825

Fehling   D.Fehling, Die Wiederholungsfiguren und
ihr Gebrauch bei den Griechen vor Gorgias,
Berlin 1969

FIEC   Proceedings of the VIIth Congress of the
Societies of Classical Studies, Budapest 1984

Fink   F.Fink, Hochzeitsszenen auf attischen
schwarz- und rotfigurigen Vasen, Wien 1974

Finley   M.I.Finley, Marriage, Sale and Gift in the
homeric World. Revue internationale des
droits de l'Antiquité , 3, II (1955) 167-194

Fittschen   K.Fittschen, Bildkunst, Teil 1. Der Schild
des Achilleus. Arch. Hom. Bd. II, Kap.N,
Teil I, Göttingen 1973

Fowler   R.L.Fowler, The Nature of Early Greek
Lyric: Three Preliminary Studies, Phoenix
Suppl. Bd. 21, Toronto u.a. 1987

Fränkel DuPh   H.Fränkel, Dichtung und Philosophie des
frühen Griechentums, München 1962[2]

Fränkel WuF   H.Fränkel, Eine Stileigenheit der frühgriechischen Literatur, in: Wege und Formen
frühgriechischen Denkens, München 1968[3],
40-90

Frisk   H.Frisk, Griechisches etymologisches
Wörterbuch, 2 Bde. +Nachträge, Heidel-
berg 1960-1972

Führer   R.Führer, Formproblem - Untersuchungen

zu den Reden in der frühgriechischen Lyrik,
Zetemata H. 44, München 1967

Gallavotti — C.Gallavotti, Auctarium Oxyrhynchium,
Aegyptus 33 (1953) 159-165

Gerber — D.E.Gerber, Euterpe. An Anthology of
early lyric, elegiac and iambic poetry.
Amsterdam 1970

Gernet — L.Gernet, Anthropologie de la Grece
Antique, Paris 1968

Gladigow — B.Gladigow, Zum Makarismos des Weisen,
Herm. 95 (1967) 404-433

Gomme — A.W.Gomme, Interpretations of Some
Poems of Alkaios and Sappho, JHS 77
(1957) 255-266

Gould — J.P.Gould, Law, custom and myth: aspects
of the social position of women in classical
Athens, JHS 100 (1980) 38-59

Gow-Page — A.S.F.Gow-D.L.Page, Hellenistic Epigrams,
I-II Cambridge 1965

Griffiths — A.Griffiths, Alcman's Partheneion: The
Morning after the Night before, QUCC 14
(1972) 1-30

Harvey — A.E.Harvey, Homeric Epithets in Greek
Lyric Poetry, CQ N.S. 51 (1957) 206-223

Hehn — V.Hehn, Kulturpflanzen und Haustiere,
Berlin 1902[7]

Heitsch — E.Heitsch, Zum Sappho-Text, Herm. 95
(1967) 385-392

Herington — J.Herington, Poetry into Drama. Early Trage-
dy and the Greek Poetic Tradition, Berke-
ley u.a. 1985 (Sather classical lectures 49)

Hermann- — K.F.Hermann, Lehrbuch der griechischen
Blümner — Privatalterthümer, 3. Aufl. von H.Blümner,
Freiburg-Tübingen 1882

Huchzermeyer — H.Huchzermeyer, Aulos und Kithara in der

	griechischen Musik bis zum Ausgang der klassischen Zeit, Emsdetten 1931
Hübner	W.Hübner, Hermes als musischer Gott. Das Problem der dichterischen Wahrheit in seinem homerischen Hymnos, Philol. 130 (1986) 153-174
Jax	K.Jax, Die weibliche Schönheit in der griechischen Dichtung, Innsbruck 1933
JdI	Jahrbuch des deutschen archäologischen Instituts
Jenkyns	R.Jenkyns, Three classical poets, Sappho, Catullus and Juvenal. London 1982
JHS	The Journal of Hellenic Studies
Kakridis März.	Ι.Θ.Κακριδής, Ἀρχαῖα ἑλληνικὰ παραμύθια, in: Παλίμψηστον Η.4 (1987) 1-19
Kakridis Sa.	J.Th.Kakridis, Zu Sappho 44 LP, WSt 79 (1966) 21-26
Kannicht	R.Kannicht, Euripides, Helena, Bd.1 Heidelberg 1969
Karydi	E.Karydi, Schwarzfigurige Lutrophoren im Kerameikos, AM 78 (1963) 90-103
Kirkwood	G.M.Kirkwood, Early Greek Monody. The History of a poetic Type, Ithaca and London 1974 (Cornell Studies in Classical Philology vol. 37)
Köchling	J.Köchling, De coronarum apud antiquos vi atque usu. Religionsgeschichtliche Versuche und Vorarbeiten 14 (1914) H.2, 1-98
Kontoleon	Ν.Μ.Κοντολέοντος, ἀρχαϊκὴ ζῳφόρος ἐκ Πάρου. Χαριστήριον εἰς Ἀναστάσιον Ὀρλάνδον, Athen 1965, Bd.1, S. 348-418
Kyriakidis	Σ.Κυριακίδης, Τὸ δημοτικὸ τραγούδι. Συναγωγὴ μελετῶν. Ἀθήνα 1978
Lacey	W.K.Lacey, The Family in classical Greece, London 1968 (deutsche Übersetzung von

	U. Winter, Die Familie im antiken Griechenland, Mainz 1983)
Laogr.	Λαογραφία
Latacz	J.Latacz, Zum Wortfeld »Freude« in der Sprache Homers, Heidelberg 1966
Lawson	J.C.Lawson, Modern greek Folklore and Ancient greek Religion. A Study in Survivals, Cambridge 1910
Lefkowitz Her.	M.R.Lefkowitz, Heroines and Hysterics, London 1981
Lefkowitz Myth	M.R.Lefkowitz, Women in Greek Myth, London 1986
Lesky	Geschichte der griechischen Literatur, München 1971^3
Lieberg	G.Lieberg, Puella Divina. Die Gestalt der göttlichen Geliebten bei Catull im Zusammenhang der antiken Dichtung, Amsterdam 1962
Lilja	S.Lilja, The Treatment of Odours in the Poetry of Antiquity. Commentationes Humanarum Litterarum 49, 1972
Lord	A.Lord, Perspectives on recent work on oral literature. Seven Essays ed. by J.Duggan, Edinburgh and London 1975, 1-25
LP	Poetarum Lesbiorum Fragmenta, edd. E. Lobel-D.Page, Oxford 1955 (1963^2)
Luppe	W.Luppe, Rezension: The Oxyrhynchus Papyri vol. 45, Gnomon 51 (1979) 1-8
Maas	P.Maas, Hymenaios RE IX 1 (1914) 130-134
Macleod	C.W.Macleod, Two Comparisons in Sappho, ZPE 15 (1974) 217-220
Maehler Bakch.	H.Maehler, Die Lieder des Bakchylides erster Teil, Die Siegeslieder I. Leiden 1982 (Mnem.Suppl.62,1)

Maehler
Dichterberuf
H.Maehler, Die Auffassung des Dichterberufs im frühen Griechentum bis zur Zeit Pindars, Göttingen 1963 (Hypomnemata 3)

Maehler
Lit. Texte
H.Maehler, Literarische Texte unter Ausschluß der christlichen, APF 32 (1986) 79

Mangelsdorff
E.Mangelsdorff, Das lyrische Hochzeitsgedicht bei den Griechen und Römern, Diss. Gießen, Hamburg 1913

Marg
W.Marg, Der Charakter in der Sprache der frühgriechischen Dichtung, Darmstadt 1938

Mastrodimitris
Π.Δ.Μαστροδημήτρης, Τὸ δημοτικὸ τραγούδι τόμ. Γ΄, ᾿Αϑῆναι 1984

Merkelbach
R.Merkelbach, Sappho und ihr Kreis, Philol. 101 (1957) 1-29

Meyerhoff
D.Meyerhoff, Traditioneller Stoff und individuelle Gestaltung. Untersuchungen zu Alkaios und Sappho. Hildesheim u.a. 1984

MH
Museum Helveticum

Mirasgesi
Μ.Δ.Μιράσγεζη, ῎Ερευνα στὴ δημοτική μας ποίηση. Α' ῾Ο γάμος, ᾿Αϑήνα 1965

Murr
J.Murr, Die Pflanzenwelt in der griechischen Mythologie. Groningen 1890

Muth
R.Muth, »Hymenaios« und »Epithalamion«, WSt 67 (1954) 5-45

Mylonas
G.Mylonas, A signet-ring in St.Louis, AJA 49 (1945) 557-569

Neubecker
A.Neubecker, Altgriechische Musik. Eine Einführung, Darmstadt 1977

Page Alcman
D.L.Page, Alcman. The Partheneion, Oxford 1951

Page SaA
D.L.Page, Sappho and Alcaeus, Oxford 1955

Parsons
P.J.Parsons, Recent Papyrus finds: Greek Poetry FIEC, Bd.II 517-531

Passow
A.Passow, Popularia carmina Graeciae recentioris, Lipsiae 1860

P.Bouriant	Les Papyrus Bouriant par Paul Collart, Paris 1926
PCG	Poetae Comici Graeci, edd. R.Kassel et C. Austin, vol.V, Berolini 1986
Pernice	E.Pernice, Griechisches und römisches Privatleben, in: Einleitung in die Altertums-wissenschaft, hrsg. von A.Gercke und E. Norden, II.Bd.1, Leipzig und Berlin 1922
Petropoulos	Δ.Πετρόπουλος, Ἑλληνικὰ δημοτικὰ τραγούδια. Ἐκλογὴ κειμένων. Σχόλια καὶ εἰσαγωγή Α΄, Β΄ Ἀθήνα 1958-1959
Pfeiffer	R.Pfeiffer, Rezension: Anthologia Lyrica Graeca, ed. Diehl. Σαπφοῦς μέλη, ed. Lobel, Gnomon 2 (1926) 305-321
Philodem	Philodemi de musica librorum quae extant edidit Ioannes Kemke, Lipsiae 1884
PMG	Poetae Melici Graeci, ed. D.L.Page, Oxford 1962
Politis Ehe	Ν.Γ.Πολίτου, Ὁ γάμος παρὰ τοῖς νεωτέροις Ἕλλησιν, Λαογραφικὰ Σύμμεικτα ΙΙΙ Ἐν Ἀθήναις 1931, 237-322
Politis Ekl.	Ν.Γ.Πολίτου, Ἐκλογαὶ ἀπὸ τὰ τραγούδια τοῦ ἑλληνικοῦ λαοῦ. Ἐν Ἀθήναις 1914 (1978)
Politis Par.	Ν.Γ.Πολίτου, Παραδόσεις τόμ. Α΄, Ἐν Ἀθήναις 1904
QUCC	Quaderni Urbinati di Cultura Classica
Reitzenstein	R.Reitzenstein, Die Hochzeit des Peleus und der Thetis. Herm. 35 (1900) 73-105
RhM	Rheinisches Museum
Richardson	N.J.Richardson, The Homeric Hymn to Demeter, Oxford 1974
Richter	W.Richter, Συμφωνία, in: Convivium musicorum (Festschr. W.Bötticher) Berlin 1974, 264-290
Risch Alkm.	E.Risch, Die Sprache Alkmans, MH 11,1

	(1954) 20-37 (= Kleine Schriften 314-331)
Risch Hom.	E.Risch, Homerisch ἐννέπω, lakonisch ἐφενέποντι und die alte Erzählprosa, ZPE 60 (1985) 1-9
Rösler Deixis	W.Rösler, Über Deixis und einige Aspekte mündlichen und schriftlichen Stils in antiker Lyrik. WJb Neue Folge Bd. 9 (1983) 7-28
Rösler GuP	W.Rösler, Ein Gedicht und sein Publikum. Überlegungen zu Sappho fr. 44 LP, Herm. 103 (1975) 275-285
SA	Sappho et Alcaeus, Fragmenta, ed. E.-M. Voigt, Amsterdam 1971
Sakellarios	A.Sakellarios, Sitten und Gebräuche der Hochzeit bei den Neugriechen, Diss. Halle 1880
Samter Feste	E.Samter, Familienfeste der Griechen und Römer, Berlin 1911
Samter Hochzeit	E.Samter, Geburt, Hochzeit und Tod. Beiträge zur vergleichenden Volkskunde, Berlin 1911
Schadewaldt	W.Schadewaldt, Sappho. Welt und Dichtung. Dasein in der Liebe I, Potsdam 1951
Schmidt	B.Schmidt, Das Volksleben der Neugriechen und das hellenische Altertum. Erster Teil Leipzig 1871
Schönbeck	G.Schönbeck, Der locus amoenus von Homer bis Horaz. Diss. Heidelberg 1962
Schwartz	J.Schwartz, Pseudo-Hesiodeia, Leiden 1960
Seaford Ritual	R.Seaford, Wedding Ritual and Textual Criticism in Sophocles »Women of Trachis«, Herm. 114 (1986) 50-59
Seaford Wedding	R.Seaford, The tragic Wedding, JHS 107 (1987) 106-130
Severyns	A.Severyns, Recherches sur la Chrestomathie de Proclos, tom. II, Liège 1938

Silk	M.S.Silk, Interaction in poetic Imagery with special Reference to early Greek Poetry, Cambridge 1974
Simon	E.Simon, Satyr-plays on vases in the time of Aeschylus. In: The Eye of Greece. Studies in the art of Greece; hrsg. von D.Kurtz und B.Sparkes. Cambridge 1982, 123-148
SLG	Supplementum Lyricis Graecis, ed. D.Page, Oxford 1974
Σμ	ΣΑΠΦΟΥΣ ΜΕΛΗ, The Fragments of the Lyrical Poems of Sappho, ed. E.Lobel, Oxford 1925
Smyth	H.Weir Smyth, The Greek Melic Poets, London 1900
Snell EdG	B.Snell, Die Entdeckung des Geistes. Studien zur Entstehung des Europäischen Denkens bei den Griechen, Göttingen 1975[4]
Snell Herm. 66	B.Snell, Sapphos Gedicht φαίνεταί μοι κῆνος, Herm. 66 (1931) 71-90
Snell Herm. 67	B.Snell, Das Bruchstück eines Paians von Bakchylides, Herm. 67 (1932) 1-13
Snell Metrik	B.Snell, Griechische Metrik. 4. neubearb. Aufl. Göttingen 1982
Stergianopulos	P.Stergianopulos, Die Lutra und ihre Verwendung bei der Hochzeit und im Totenkult, Diss. München 1922
Sticotti	P.Sticotti, Zu griechischen Hochzeitsgebräuchen (Festschr. für Otto Benndorf) Wien 1898, 181-188
Theokrit	A.S.F.Gow, Theocritus edited with a Translation and Commentary I.II, Cambridge 1950
Thesleff	H.Thesleff, Man and locus amoenus in

	early Greek Poetry, in: Gnomosyne, Festschr. für W.Marg, München 1982, 31-45
Thompson	D´Arcy Wentworth Thompson, A Glossary of Greek Birds, Oxford 1895
Treu	M.Treu, Sappho. Griechisch und deutsch, München 1979[6]
TrGF	Tragicorum Graecorum Fragmenta. I ed. B.Snell, Göttingen 1971 II edd. R.Kannicht- B.Snell 1981 III ed. St.Radt 1985 IV ed. St.Radt 1977
Tsagarakis Marriage	O.Tsagarakis, Marriage Proposals in classical Mythology, in: Athlon, Festschr. F.R. Adrados. Bd. II Madrid 1987, 845-850
Tsagarakis Self-expr.	O.Tsagarakis, Self-expression in early Greek Lyric Elegiac and Iambic Poetry, Wiesbaden 1977
Tsagarakis Soc.circ.	O.Tsagarakis, Broken Hearts and the social Circumstances in Sapphos poetry, RhM 129 (1986) 10-17
Tsitsoni	E.Tsitsoni, Untersuchungen der ᾿Εκ - Verbal-Komposita bei Sophokles, Diss. München 1963
Tufte	V.Tufte, The Poetry of Marriage. The Epithalamium in Europe and its Development in England. Studies in Comparative Literature II, Los Angeles 1970
Usener	H.Usener, Kleine Schriften Bd.4, Leipzig-Berlin 1913, 308-310
Vernant	J.P.Vernant, Mythe et société en Grèce ancienne, Paris 1974
Vogt	J.Vogt, Von der Gleichwertigkeit der Geschlechter in der bürgerlichen Gesellschaft der Griechen, Abhandlungen der Geistes- und Sozialwissenschaftlichen Klasse der

Ak. Mainz, Jahrg. 1960, Nr.2

Von der Mühll   P.Von der Mühll, Kultische und andere Mahlzeiten bei Alkman. Ausgewählte kleine Schriften, Basel 1976, 253 ff.

Wachsmuth   C.Wachsmuth, Das alte Griechenland im neuen, Bonn 1864

Waern   I.Waern, Flora Sapphica, Eranos 70 (1972) 1-11

Wegner   M.Wegner, Musik und Tanz. Arch. Hom. Bd.III Kap. U, Göttingen 1968

West Catalogue   M.L.West, The Hesiodic Catalogue of Women, Oxford 1985

West Homer   M.L.West, The Singing of Homer and the Modes of early Greek Music, JHS 101 (1981) 113-129

West Music   M.L.West, Music in archaic Greece, FIEC Bd.I 213 ff.

West Notes   M.L.West, Notes on Papyri, ZPE 26 (1977) 36-43

West Poetry   M.L.West, Greek Poetry 2000-700, CQ 67 (1973) 179-192

West Sappho   M.L.West, Burning Sappho, Maia 22 (1970) 307-330

Wheeler   A.L.Wheeler, Tradition in the Epithalamium, American Journal of Philology 51 (1930) 205-223

Wickert-Micknat   G.Wickert-Micknat, Die Frau. Arch. Hom. Bd. III, Kap. R, Göttingen 1982

Wilamowitz GV   U.v.Wilamowitz-Moellendorff, Griechische Verskunst, Berlin 1921

Wilamowitz NLL   U.v.Wilamowitz-Moellendorff, Neue lesbische Lyrik. Neue Jahrbücher für das klassische Altertum 17 (1914) 225 ff. (=Kl. Schr. I 384-414)

Wilamowitz TG   U.v.Wilamowitz-Moellendorff, Die Textge-

                      schichte der griechischen Lyriker, Abh.
                      königl. Ges.d.Wiss. zu Göttingen, Phil.-
                      hist. Kl. N.F. Bd.4 Nr.3, 1900

Wintermeyer   U.Wintermeyer, Die polychrome Relief-
                      keramik aus Centuripe JdI 90 (1975)
                      169-177

WJb   Würzburger Jahrbücher

WSt   Wiener Studien

ZPE   Zeitschrift für Papyrologie und Epigraphik

Einleitung

Lyrik[1] ist im Altertum die gesungene Dichtung, begleitet von Musik und bei der Chorlyrik auch von Tanz. In der antiken Theorie ist die Lyrik nach inhaltlichen und gelegentlich nach metrischen Kriterien eingeteilt.[2] Viele der Liedgattungen begegnen uns schon bei Homer;[3] ihre Bezeichnungen hängen eher mit ihrem Anlaß und ihrer Funktion als mit ihrer Form zusammen. Der größte Teil der frühgriechischen Lyrik hat einen Anlaß; sie ist Festdichtung zu Ehren von Göttern oder Menschen. Im Verlauf ihrer Entwicklung entfernte sie sich jedoch vom gegebenen Anlaß, aus dem sie entstanden ist; in dieser Hinsicht teilt Fowler die Lyrik in drei Stadien: 1) purely occasional poetry 2) poetry with developed literary characteristics but still connected in some way with an occasion 3) purely »bookish« (90). Was die Art ihres Vortrags betrifft, liegt der Unterschied zwischen monodischen Liedern und Chorlyrik meistens in ihrem Anlaß. Erstere sind mit privaten Anlässen verbunden, letztere für öffentliche Feste gedacht.

Aber nicht nur ihre Darbietung, sondern auch ihre Aufnahme[4] (sie setzt ein Publikum voraus) hängt mit einem Anlaß zusammen. Gerade die Hochzeitslieder haben einen konkreten Anlaß und ein konkretes Publikum, das bei den verschiedenen Phasen der Hochzeitsfeier mehr oder weniger verschieden ist: je nachdem, ob ein Lied

---

1. Das griechische Wort für das lyrische Gedicht ist μέλος, und sein Dichter heißt μελοποιός; vgl. z. B. Färber 10 f.
2. Vgl. Färber I 16 f.; Kirkwood 2.
3. S. Diehl 89.
4. Vgl. Rösler, GuP 278; Burkert, Am.P. 43 mit Anm. 2.

während des Hochzeitsmahls im Hause des Brautvaters,
während der Heimführung durch die Stadt zum Oikos des
Bräutigams oder vor dem Brautgemach gesungen wird.
Ihre Hochzeitslieder verfaßte Sappho für die Mädchen ihres Kreises, für deren Bildung sie sorgte: SLG S 261, 7-15

μων· ἡ δ᾽ ἐφ᾽ ἡσυχία[σ
8 παιδεύουσα τὰς ἀρί-
στας οὐ μόνον τῶν
10 ἐγχωρίων ἀλλὰ καὶ
τῶν ἀπ᾽ Ἰωνίας· καὶ
12 ἐν τοσαύτηι παρὰ
τοῖς πολίταις ἀποδο-
14 χῆι ὥστ᾽ ἔφη Καλλίας
ὁ Μυτιληναῖος ἐν

Sie sang ihre Lieder ihren ἑταῖραι: fr. 160 V.
τάδε νῦν ἑταίραις[5] | ταὶς ἔμαις ... ἀείσω.

Natürlich verfaßte sie ihre Hochzeitslieder, damit sie bei
der einen oder anderen Hochzeit ihres Mädchenkreises
gesungen wurden, gleichzeitig aber schrieb sie sie nieder,
weil sie sich als Schöpferin fühlte, die mit dem Nachruhm
rechnet. Sappho war sich ihrer Kunst sicher, wie fr. 55 V.
und fr. 147 V. zeigen.[6] Man wird sich an sie in späteren

5. Die Frauenvereinigungen, die sogenannten ἑταιρεῖαι,
hatten keinen guten Ruf, aber »in the case of Sappho's
group it is apparent that they had other business more
useful to society ...: music and song, for public as well
as private performance« (West, Sappho 324 f.). Vgl.
Merkelbach 2 f.

6. Vgl. darüber z.B. West, Sappho 315; Maehler, Bakch. 3.

Zeiten erinnern.

Auch in einem neuen Alkmanfragment (P. Oxy. XLV 3209), das vermutlich aus einem Hochzeitslied stammt, finden wir das Wort κλέος, das auf den Dichter selbst bezogen werden könnte.

Das Hochzeitslied entstand in Sparta, als dort zu einer kulturellen Blütezeit die Musik im Mittelpunkt einer kultivierten Gesellschaft stand und die Frau eine besondere Stellung darin hatte (Alkmans Ruhm hängt auch mit seinen Mädchenchören[7] zusammen). In Lesbos sind unter ähnlichen Umständen Sapphos Hochzeitslieder entstanden, in einer Zeit »that the Aeolians occupied the very foreground of Greek literature, and blazed out a brilliance of lyrical splendour that has never been surpassed« (John Addington Symonds in: Page, SaA, S. 140 mit Anm. 1). An beiden Orten entsteht das Hochzeitslied auf einem kulturellen Höhepunkt.

Die Fragmente der Hochzeitslieder beziehen sich auch auf die Hochzeitsbräuche. Zu ihrer Erklärung wird gelegentlich auch die bildende Kunst herangezogen (hauptsächlich Hochzeitsdarstellungen aus der Vasenmalerei).

Die Interpretation der Texte zeigt, daß die Berücksichtigung der sozialen Verhältnisse, unter denen diese Lieder entstanden sind, unumgänglich ist; z.B. die Stellung der Frau in der archaischen Gesellschaft[8] oder die Bedeutung der Ehe[9] für die Frau.

7. Über die Rolle der Mädchenchöre Alkmans in Zusammenhang mit dem Hochzeitslied vgl. Calame, Choeurs 159–162.

8. Über die Frau in der frühgriechischen Dichtung s. Degani 73 mit Anm. 1, weiter 78–81.

9. Vgl. z.B. Lefkowitz, Myth 31.

Von Anfang an soll zwischen dem volkstümlichen und dem literarischen Hochzeitslied eine scharfe Linie gezogen werden; denn das volkstümliche Hochzeitslied lebte in Griechenland fort, aber als literarische Gattung finden wir es nur in der archaischen Zeit.

Wenn also hier die Rede von Hochzeitsliedern ist, so sind diejenigen Lieder gemeint, die in der archaischen Zeit blühten und im Verlauf einer Hochzeitsfeier von Chören oder vom Dichter selbst gesungen wurden. Die meisten Forscher unterscheiden nicht zwischen dem Hochzeitslied und dem Hochzeitsgedicht, wie z.B. Wheeler.[10] Philodem jedoch, Mus. IV col. v 28 (p.68 Kemke), erklärt, daß man zu seiner Zeit von den Hochzeitsliedern abgekommen sei![11]

τὰ ποιήματ' ἐστίν, οὐχ ἡ μου-
σική, τὰ τὴν εἰρημένην ὑ-
30   π' αὐτοῦ παρεχόμενα χρείαν
ἐν τοῖς ὑμεναί[οι]ς· καὶ βρα-
χεῖά τις ἀπαρχὴ τοῦ γένους
ἐγίνετο καὶ παρὰ τισίν, ἀλλ' οὐ-
χ ἅπασιν, καὶ τοῖς γαμοῦ-
35   σιν, οὐ[χ]ὶ καὶ τοῖς ἄλ[λ]οις, εἰ
δὴ καὶ γάμος ἁπλῶς ἀγα-
θὸν ἀν λέγοιτο. νῦν δ[ὲ] δὴ
σχεδὸν καὶ παντάπ[α]σι κα-
ταλελυμένων τῶ[ν] ἐπιθα-
40   λαμ[ί]ων [ὅτι] τοὔλαττον ἔχομεν οὐκ [ἄ]ν τις ἀποδώη.

10. Wheeler 207: »Alcman composed wedding songs and beginning with Sappho we have actual fragments. Thus the genre had a history of at least five hundred years before Catullus and his contemporaries practised it«.
11. Vgl. Wilamowitz GV, 254 mit Anm. 1; Muth 34.

Daß diese Lieder volkstümliche Züge aufweisen, ist bekannt; wir werden jedoch ausführlicher darauf eingehen. Es versteht sich von selbst, daß die Hochzeitslieder heiter und anmutig sind; sie sind auch abwechslungsreich, eine Tatsache, die wir heute beim Lesen nicht ganz empfinden können, weil uns die Musik vollkommen fehlt. Wir können jedoch infolge der verschiedenen Versmaße, in denen diese Lieder abgefaßt sind, vermuten, daß auch ihre Musik in verschiedenen Rhythmen[12] komponiert war; Versform und Musik hingen eng zusammen;[13] ja die Dichter haben sogar die zu ihrer Dichtung passenden Instrumente gewählt bzw. erfunden.

Die Untersuchung der Hochzeitslieder ist mit vielen Problemen verbunden, weil die Überlieferung lückenhaft ist und die erhaltenen Texte spärlich vorhanden und zum Teil verstümmelt sind; es ist bezeichnend, daß bis vor kurzem unsere Kenntnis über Alkmans Hochzeitslieder auf einer indirekten Erwähnung beruhte, nach der er für diese Lieder berühmt war; und von Sappho, deren Name schon in der Antike mit dieser literarischen Gattung verbunden war, besitzen wir nur wenige Bruchstücke. Ein vollständiges Hochzeitslied alter Zeit ist uns nicht erhalten. Bei dem Versuch, aus Gedichten späterer Zeit - besonders von Theokrit und Catull[14] - ein Bild von der Eigenart eines vollständigen Hochzeitslieds wiederzugewinnen, ist

12. Über Musik in der archaischen Zeit allgemein s. West, Music; über die verschiedenen Rhythmen und Tonarten ebenda 216 f.

13. Vgl. Huchzermeyer 29; über die Instrumente, die den Hymenaios begleiteten s. Neubecker 55 f., vgl. Huchzermeyer 41 mit Anm. 180.

14. S. Theokr. 18; Catull 61.

Vorsicht geboten, denn erstens handelt es sich hier nicht um Lieder, sondern um Gedichte, und zweitens sind die Quellen, aus denen diese Dichter schöpften, zum Teil, wenn nicht sogar gänzlich, verloren gegangen. Ein Vergleich der erhaltenen Fragmente aus den Hochzeitsliedern Sapphos mit den Volksliedern Neugriechenlands hat gezeigt, daß zwischen ihnen überraschende Ähnlichkeiten bestehen.

Die Hochzeitslieder Sapphos, auf denen eigentlich unsere Kenntnisse über diese Gattung beruhen, zeigen kultische und dramatische Elemente.

Wie bereits erwähnt, sind die Hochzeitslieder heiter und deuten auf die Hochzeit als ein glückliches Ereignis hin. Das Brautpaar wird gelobt und glücklich gepriesen.

Die Tragödie verwendet die traditionellen Züge des Hochzeitslieds in manchen ihrer Chorlieder in einer Weise, daß man hier von einem »Anti-Epithalamion«[15] sprechen könnte; diese Chorlieder haben eine entgegengesetzte Wirkung.[16] Statt Heiterkeit und Glück drücken sie die Tragik der Situation aus, in der die Hochzeit durch den nahenden Tod verhindert wird (Euripides, Iphigenie auf Aulis, Troerinnen).[17] Diese Chorlieder erinnern eher an einen Threnos. Außerdem projiziert die Tragödie die Sitte des Hochzeitslieds in die Heldensage und entfernt sich dadurch von dem Hochzeitslied der archaischen Zeit, das bei Hochzeitsfeiern gesungen wurde und mit der Realität

15. Vgl. Tufte, 37–43.

16. Über die Hochzeitsbräuche in der Tragödie und ihre entgegengesetzte Wirkung s. Seaford, Wedding, der dazu Detailbelege mit guter Interpretation bietet.

17. Die Behandlung dieser Chorlieder behalte ich mir für eine spätere Arbeit vor.

zusammenhing.
Bei Aristophanes ist das traditionelle, volkstümliche Hochzeitslied in manche seiner Chorlieder eingebaut. Bei ihm
ist der Volksbrauch in den Kultmythos übertragen (vgl.
den Hymenaios am Schluß der Aves.)[18]

18. Vgl. Maas 131, 41 f.

Kapitel I

Festlegung der Terminologie »Hymenaios«, »Epithalamion«

Hymenaios und Epithalamion sind die Bezeichnungen für
die Hochzeitspoesie. Ὑμέναιος ist die adjektivische Erwei-
terung des undeklinierbaren Kultrufs ὑμήν, der »ursprünglich ein volkstümlicher Neckruf war« (Frisk 964). Der alte
ὑμήν-Ruf als Refrain blieb bei Sappho, fr. 111 V., erhalten.
Er »ist als Name eines ursprünglichen Kultlieds aus dem
lebendigen religiösen Brauchtum des Volkes hervorgegan-
gen und stellt sich neben andere in ähnlicher Weise ent-
standene Namen, wie Dithyrambos, Paian, Iobakchos«
(Muth 7).
Schon die Scholiasten haben sich mit der Etymologie und
der Bedeutung des Wortes Hymenaios beschäftigt:
Schol. Il. Σ 493 (Erbse)
ὑμέναιος. ὕμνος ὁ ἐπὶ ὁμονοίᾳ ᾀδόμενος ἢ παρὰ τὸ ὁμοῦ (εὐ)-
νάζειν.
Schol. Il. Σ 493 (Dindorf)
τὸν ὑμέναιον ἐτυμολογοῦσι φυσικῶς. [1]
Muth [2] untersuchte den Gebrauch des Wortes in der griechischen Literatur und stellte fest, daß es von Anfang an
die Bezeichnung der Literaturgattung des Hochzeitslieds
schlechthin sei; einen anderen Terminus gebe es dafür in
der ältesten Zeit noch nicht; allerdings meint Muth, daß
der Hymenaios mit Vorliebe bei der Heimführung der
Braut gesungen wurde. Wegner [3] erklärte das Fehlen des

---

1. Über die verschiedenen Etymologien des Wortes s. Färber 50 f.u. 64; Severyns 194.
2. 23–37.
3. U 33 f.

Wortes bei der Schilderung des Hochzeitsmahls in der Odyssee δ 17 als einen Beweis dafür, daß der Hymenaios nur beim Brautzug gesungen wurde [4]. Es gibt zwei weitere Stellen in der Odyssee (ψ 133-135. 148 f.), bei denen angedeutet ist, daß man im Palast des Odysseus Hochzeitslieder singt, das Wort Hymenaios aber kommt nicht vor. Bei diesen Stellen könnte man das Fehlen des Wortes anders erklären: Hier wird keine eigentliche Hochzeitsfeier geschildert; es soll lediglich die Wiedervereinigung des Odysseus mit Penelope so groß gefeiert werden, als wäre es eine echte Hochzeit.

Der Begriff ἐπιϑαλάμιον oder ἐπιϑαλάμιος[5] ist nicht aus dem Kult erwachsen; er ist ein in der hellenistischen Zeit geschaffener Terminus, der ursprünglich diejenigen Lieder bezeichnete, die vor dem Brautgemach gesungen wurden: Schol. Theokr. 18, p. 331, 17 Wendel: ᾄδουσι δὲ τὸν ἐπιϑαλάμιον αἱ παρϑένοι πρὸ τοῦ ϑαλάμου.

Theokrit nennt das Hochzeitslied ὑμέναιον (18, 8); ebenfalls Apollonios Rhodios (4, 1156 f.), obwohl das Lied vor dem Brautgemach gesungen wird; Kallimachos (fr. 75, 43 Pf.) gebraucht das gleiche Wort; auch später noch (z.B. bei Nonnos und Musaios) wird von den Dichtern selbst das Wort ὑμέναιος verwendet.

Neben den Belegen, die die spezifische Eigenart der Epithalamien kennzeichnen, gibt es auch Zeugnisse, bei denen dieses Wort das Hochzeitslied schlechthin bedeutet. Z.B. haben die alexandrinischen Grammatiker Sapphos Hochzeitslieder in einem Buch[6] unter dem Titel Epithalamia

4. U 34.

5. Über ἐπιϑαλάμιος (sc. ὕμνος) oder ἐπιϑαλάμιον (sc. ᾆσμα, μέλος) vgl. Severyns 192 f.; Muth 44 f.

6. S. Servius zu Vergil Georg. 1, 31; vgl. hier Kap. IV, S. 69 f.

gesammelt, ungeachtet der Tatsache, daß sie für verschiedene Phasen der Hochzeitsfeier bestimmt waren[7]. Diese unscharfe Verwendung des literarischen Gattungsbegriffes läßt sich auch bei einigen Belegen feststellen, bei denen man die spezifische Bezeichnung »Epithalamien« erwarten würde[8]; trotzdem darf man annehmen, daß der Terminus »Epithalamion« mindestens in der Zeit seiner Prägung in seiner spezifischen Bedeutung verwendet wurde. Hymenaios ist der übergeordnete Begriff.
Die Verschmelzung beider Begriffe in späteren Zeiten tritt deutlich zutage.

7. S. z.B. fr. 111 V., vgl. Muth S. 38 mit Anm. 45.
8. Vgl. Muth 32.

Kapitel II

Der Verlauf einer Hochzeitsfeier - Die Hochzeitsbräuche

Unsere Kenntnis der Hochzeitsbräuche verdanken wir verstreuten Nachrichten und Anspielungen in der antiken Literatur - Dichtung und Prosa - und gelehrten Notizen in Lexika und Scholien; eine vollständige Zusammenstellung fehlt bisher. Eine weitere Quelle, deren Material bis in die Einzelheiten dem der Literatur entspricht[1], ist die bildende Kunst, besonders die Vasenmalerei, die uns Hochzeitsszenen[2] vorführt. Schließlich kommt die vergleichende Volkskunde in Betracht, weil die Hochzeitsbräuche anderer Völker und Zeiten Analogien aufweisen. Besonders zwischen den Hochzeitsbräuchen Alt- und Neugriechenlands[3] ist die Ähnlichkeit überraschend, obwohl sie zeitlich weit auseinanderliegen und in der Antike die Hochzeitsbräuche von Gegend zu Gegend verschieden waren. In der langen Tradition kann man den Wandel[4] man-

1. Zu den antiken Hochzeitsbräuchen s. Hermann-Blümner 268-278; Pernice 51-61; Samter, Feste 14-29; Samter, Hochzeit 72-75; Erdmann 250-260; Finley 167-194; Vernant 51-57; Blümner 1-12. Verstreute Nachrichten findet man in Handbüchern und Aufsätzen, die in Zusammenhang mit den besprochenen Stellen erwähnt werden.

2. Über Darstellungen von Hochzeiten s. z.B.Fink, 28, 45, 202.

3. Vgl. Wachsmuth, 35; s. ausführlich darüber unten Kap. V, S. 110 ff.

4. Zum Wandel der Riten kommt auch die Erfindung neuer hinzu.

cher dieser Bräuche besonders in der Kunst feststellen. Ritendarstellungen auf Vasen zeugen davon. Hochhalsige schlanke Hydrien und Amphoren bieten uns aufschlußreiche Zeugnisse. Man hat sie mit den literarisch überlieferten Lutrophoren[5] in Verbindung gebracht.[6] Zu den literarisch überlieferten Hochzeitsbräuchen gehört die Sitte der λουτρά.[7] Man hat nachgewiesen[8], daß für die Einholung des Wassers für die Waschung der Braut und des Bräutigams von einer einheimischen Quelle oder einem Fluß dieses Gefäß bestimmt war.

Im folgenden wird nicht nur die eigentliche Hochzeitsfeier, sondern auch ihr Davor und Danach kurz geschildert. Unsere Darlegungen beschränken sich auf einige wichtige Beispiele aus der Literatur und den bildlichen Zeugnissen.

So wenig man sich die Hochzeitsfeierlichkeiten nach heutigen Verhältnissen vorstellen darf, so verschieden die Auffassung der Griechen von der Ehe war, so gibt es doch gesetzmäßige Handlungen und Bräuche, die den unseren entsprechen. Z. B. war die ἐγγύησις[9] oder ἐγγύη eine Art Verlobung und gleichzeitig ein Vertrag. War die ἐγγύησις ein rechtsbegründender Akt »so pflegt die Erfüllung dieses Vertrages, die ἔκδοσις oder der γάμος im weiteren Sinne, dennoch von einer Reihe mehr oder minder bedeutsamer Zeremonien und Symbole ursprünglich meist religiöser Natur begleitet zu werden, die an sich rechtlich zwar irrelevant waren insofern, als sie keine ehebegrün-

---

5. Harpokr. s. v.; Poll. III 43; Et. Magn. s. v.

6. S. z. B. Karydi 90 mit Anm. 1.

7. S. unten S. 40.

8. S. Stergianopulos 3.

9. Poll. III 34. Plat. Nom. 774 e 4. Sandbach zu Men. Dysk. 762 (ἐγγυῶ).

dende Kraft besaßen, die aber dennoch als Beweismittel für den Abschluß der Ehe in Betracht kommen konnten. Ihre Vollziehung wurde von Brauch und Sitte gefordert« (Erdmann 250). Ohne Ritus, besonders ohne Lieder war die Hochzeit unvorstellbar. Wenn Antigone (Soph. Ant. 813) von ihrer Hochzeit spricht, die durch den nahenden Tod verhindert wird, sagt sie nicht οὔτε γάμου ἔγκληρον, sondern οὔθ᾽ ὑμεναίων ἔγκληρον. Lieder, Musik und Tanz gehören zur Hochzeit. Wie wichtig z.B. die Sitte des Fakkeltragens war, ist daraus ersichtlich, daß uneheliche Kinder ἐξ ἀδᾳδουχήτων γάμων γενόμενοι heißen konnten (Apion bei Eusth. Il. 622, 42, Schol. Eur. Alk. 989).

Die Ehe bzw. die Hochzeit - die Institution und der Ritus - hat sich durch die Jahrhunderte hindurch als dauerhaft erwiesen, wenn auch manche Bräuche entweder abgestorben oder nach der Gesellschaftsform der verschiedenen Epochen modifiziert worden sind. Im griechischen Kulturbereich ist durch die Kontinuität der Sprache - so groß die Unterschiede zwischen dem Alt- und Neugriechischen auch sein mögen - vieles erhalten geblieben.[10]

Der Eheschließung und den Hochzeitsfeierlichkeiten ging, wie schon erwähnt, der Ehevertrag voraus. Bei diesem Vertrag darf man sich nicht vorstellen, daß die Frau zu den Kontrahierenden gehörte; sie war das Vertragsobjekt, über das verfügt wurde. Die Erfüllung dieses Vertrags war die ἔκδοσις[11], d.h. die Übergabe der Braut durch

10. Vgl. unten Kap. V, S. 110-133.

11. Schon bei Homer steht der Begriff für die Vergabe fest: διδόναι (θυγατέρα), vgl. die korrespondierenden Formeln aufseiten des Bewerbers ἄλοχον (ἄκοιτιν) ποιεῖσθαι und θέσθαι ἄκοιτιν »zur Frau nehmen«, ἄγεσθαι γυναῖκα »als Frau heimführen«, und ἔχειν »zur Frau

ihren Vater an den Ehemann. Es war also eine Abmachung zwischen dem Bräutigam und dem κύριος [12] des Mädchens, der meistens der Vater war. So sagt Andromache (Eur. Andr. 987) νυμφευμάτων μὲν τῶν ἐμῶν πατὴρ ἐμὸς | μέριμναν ἕξει. Bei Homer wurde die Braut vom Bewerber durch die ἕεδνα [13] abgekauft, die in der Ilias aus Vieh bestehen. Man kann die ἕεδνα als Pfand betrachten, das der Freier beim Brautgeber hinterlegt »als Sicherheit für die Frau, die sich aus dem Schutz ihrer Familie in den fremden Oikos be-

haben«. Bei einigen wenigen Fällen ist es bezeugt, daß die Frau ihren Mann selbst ausgewählt haben soll. Diese Frauen gehörten der höchsten sozialen Schicht an, in der sie »immer deutlich mehr Unabhängigkeit genossen als in der Mehrzahl der Bevölkerung« (Lacey 110).

12. Das harte Los der Mädchen in der Antike, die vom Vater einem unbekannten Mann gegeben wurden, ist mit bitteren Worten bei Sophokles (fr. 583 R.) geschildert:

$$\nu\tilde{\nu}\nu \; \delta' \; o\grave{\upsilon}\delta\acute{\epsilon}\nu \; \epsilon\acute{\iota}\mu\iota \; \chi\omega\rho\acute{\iota}\varsigma. \; \grave{\alpha}\lambda\grave{\alpha} \; \pi o\lambda\lambda\acute{\alpha}\kappa\iota\varsigma$$
$$\H{\epsilon}\beta\lambda\epsilon\psi\alpha \; \tau\alpha\acute{\upsilon}\tau\eta \; \tau\grave{\eta}\nu \; \gamma\upsilon\nu\alpha\iota\kappa\epsilon\acute{\iota}\alpha\nu \; \varphi\acute{\upsilon}\sigma\iota\nu,$$
$$\grave{\omega}\varsigma \; o\grave{\upsilon}\delta\acute{\epsilon}\nu \; \grave{\epsilon}\sigma\mu\epsilon\nu. \; \alpha\grave{\iota}' \; \nu\acute{\epsilon}\alpha\iota \; \mu\grave{\epsilon}\nu \; \grave{\epsilon}\nu \; \pi\alpha\tau\rho\grave{o}\varsigma$$
4   $$\H{\eta}\delta\iota\sigma\tau o\nu, \; o\grave{\iota}\mu\alpha\iota, \; \zeta\tilde{\omega}\mu\epsilon\nu \; \grave{\alpha}\nu\vartheta\rho\acute{\omega}\pi\omega\nu \; \beta\acute{\iota}o\nu\cdot$$
$$\tau\epsilon\rho\pi\nu\tilde{\omega}\varsigma \; \gamma\grave{\alpha}\rho \; \grave{\alpha}\epsilon\grave{\iota} \; \pi\alpha\tilde{\iota}\delta\alpha\varsigma \; \grave{\alpha}\nu o\acute{\iota}\alpha \; \tau\rho\acute{\epsilon}\varphi\epsilon\iota.$$
$$\H{o}\tau\alpha\nu \; \delta' \; \grave{\epsilon}\varsigma \; \H{\eta}\beta\eta\nu \; \grave{\epsilon}\xi\iota\kappa\acute{\omega}\mu\epsilon\vartheta' \; \H{\epsilon}\mu\varphi\rho o\nu\epsilon\varsigma,$$
$$\grave{\omega}\vartheta o\acute{\upsilon}\mu\epsilon\vartheta' \; \H{\epsilon}\xi\omega \; \kappa\alpha\grave{\iota} \; \delta\iota\epsilon\mu\pi o\lambda\acute{\omega}\mu\epsilon\vartheta\alpha$$
8   $$\vartheta\epsilon\tilde{\omega}\nu \; \pi\alpha\tau\rho\acute{\omega}\omega\nu \; \tau\tilde{\omega}\nu \; \tau\epsilon \; \varphi\upsilon\sigma\acute{\alpha}\nu\tau\omega\nu \; \H{\alpha}\pi o,$$
$$\alpha\grave{\iota} \; \mu\grave{\epsilon}\nu \; \xi\acute{\epsilon}\nu o\upsilon\varsigma \; \pi\rho\grave{o}\varsigma \; \H{\alpha}\nu\delta\rho\alpha\varsigma, \; \alpha\grave{\iota} \; \delta\grave{\epsilon} \; \beta\alpha\rho\beta\acute{\alpha}\rho o\upsilon\varsigma$$

Als Extremfall muß man es wohl auffassen, wenn ein Vater vor seinem Tod eine fünfjährige Tochter seinem Neffen ἔδωκεν ἔχειν, Demosthenes 27, 4.

13. Über ἕεδνα s. z. B. Wickert-Micknat, R 90 mit Anm. 490.

gibt« (Wickert-Micknat, R 90). Später hören wir von Ausstattung, φερνή (Eur. Iph. Aul. 610 f.), und von Mitgift, προίξ, als legaler Art der Abmachung zwischen Brautvater und Bräutigam. Die ἐγγύησις und die προίξ schützen die Frau vor Mißachtung. Den richtigen Ehemann zu bekommen galt als großes Glück für die Mädchen, und man wünschte ihnen, daß die Götter ihn ihnen bescheren, Hom. Hy. Dem. 135 f.:

> ἀλλ᾽ ὑμῖν μὲν πάντες ᾿Ολύμπια δώματ᾽ ἔχοντες
> δοῖεν κουριδίους ἄνδρας ...

Jedoch wurde ihnen dieses Glück nicht von den Göttern, sondern vom Vater beschert. Infolgedessen mußten oft die Mädchen die Ehe und die damit verbundenen Verpflichtungen widerwillig dulden.[14] Thetis sagt es ausdrücklich in der Ilias Σ 433 f.

> ...καὶ ἔτλην ἀνέρος εὐνὴν
> πολλὰ μάλ᾽ οὐκ ἐθέλουσα.

Bei Homer sorgt der Vater auch für die Heirat seines Sohnes. Menelaos geht auf Brautschau für seinen Sohn Megapenthes (Od. δ 10-12). Doch die Söhne dürfen mitbestimmen. In der Ilias (I 393- 400) sagt Achill, daß es eine Menge Mädchen, Töchter von Stammesführern, gebe, und er werde die heiraten, die er begehre. Auch Prinzessinnen dürfen bei der Wahl ihrer Gatten mitbestimmen. Wie es bei der ärmeren sozialen Schicht vor sich geht, erfahren wir von Hesiod. Die Werke und Tage spiegeln die sozialen Verhältnisse wider, in denen er lebte. Innerhalb der Ge-

---

14. Vgl. z. B. Tsagarakis, Marriage 845 mit Anm. 2.

meinde soll man eine Nachbarstochter heiraten, eine Jungfrau; da spielt auch die Meinung der Nachbarn eine Rolle.
Die Stellung der Frau in der Antike beschäftigt die Forschung seit Jahrzehnten und führte zu großen Auseinandersetzungen; daß es darüber keine Übereinstimmung gibt, liegt auch daran, daß es in den verschiedenen Epochen und innerhalb der einzelnen sozialen Schichten erhebliche Unterschiede gegeben hat. Einerseits wurde sie als ein niedriges, bzw. erniedrigtes, verachtetes Geschöpf geschildert; andererseits sprach man von der historischen Emanzipation der Frau[15].
Wir haben bereits erwähnt, daß sie bei Homer eine würdigere Stellung einzunehmen scheint als in der historischen Zeit. Gerade bei der Eheschließung haben sich später die Verhältnisse umgekehrt. Während bei Homer der Mann den Eltern die Braut mit vielen Geschenken abkauft, mußte der Vater in der klassischen Zeit für die Mitgift seiner Tochter sorgen. So werden die Töchter wegen der Mitgift als eine Last für den Vater bezeichnet, vgl. z. B. Menander fr. 18 Körte

$$\chi\alpha\lambda\varepsilon\pi\acute{o}\nu \ \gamma\varepsilon \ \vartheta\upsilon\gamma\acute{\alpha}\tau\eta\rho \ \kappa\tau\tilde{\eta}\mu\alpha \ \kappa\alpha\grave{\iota} \ \delta\upsilon\sigma\delta\iota\acute{\alpha}\vartheta\varepsilon\tau\upsilon\nu.$$

Gould hat diese komplexe Frage folgendermaßen formuliert:
»Discussion of the social position of women in antiquity has been characterised by over-simplification of the issues, by concentration on the part of different investigators on mutually exclusive sets of data, and by a tendency ... to false statement which the actual evidence is enough to rebut« (42).

15. Vgl. Lacey 142.

Die soziale Stellung der Frau in der Antike wird meistens in Zusammenhang mit der Ehe besprochen. Jede Wandlung dieser Institution deutet auf eine neue Gesellschaftsform hin.[16] Ändern sich die Voraussetzungen für die rechtsgültige Ehe, so bleiben in der Regel doch die Hochzeitsbräuche bestehen.

Nach dem Abschluß des Ehevertrags folgte die Hochzeit. Man soll sich dabei nicht vorstellen, daß das Brautpaar sich vor der Hochzeit kennen und lieben gelernt hätte. Liebesheiraten waren im Altertum nicht üblich. Für die Verheiratung sorgte eine vom Vater des Bräutigams beauftragte Frau, die sogenannte προμνήστρια; sie war eine Art Ehestifterin. Daß die προμνήστρια nicht immer gerade die besten Mädchen vermittelt, erfahren wir von Aristophanes, Nub. 41 f.

Εἴθ᾽ ὤφελ᾽ ἡ προμνήστρι᾽ ἀπολέσθαι κακῶς,
ἥτις με γῆμ᾽ ἐπῆρε τὴν σὴν μητέρα.

Das Brautpaar sah sich zum ersten Mal am Hochzeitstag, der nicht irgend ein beliebiger Tag war, sondern ein Tag im Winter, im Monat Γαμηλιών, der etwa unserem Januar entspricht.

Die Hochzeitsvorbereitungen dauerten einen oder mehrere Tage; ihr Höhepunkt, am Tag vor der Hochzeit, waren die προαύλια oder προτέλεια;[17] ähnlich wie die Hochzeit hatten sie religiösen Charakter:[18] sie waren Sühn- und Weissageopfer für die Schutzgottheiten des ehelichen Lebens.[19]

16. Vgl. Vernant 70.
17. Poll. III 39. Hesych γ 133 γάμων ἔθη.
18. Vgl. z. B. Gernet 52–54.
19. Athen. IV 185 B 19–26.

Am Hochzeitstag fingen die Feierlichkeiten mit dem rituellen Brautbad, λουτρὸν νυμφικόν, an, das ursprünglich an einem Fluß stattfand (Schol. Eur. Phoen. 347: εἰώθεσαν δὲ οἱ νυμφίοι ... ἀπολούεσθαι ἐπὶ τοῖς ἐγχωρίοις ποταμοῖς). Später wurde das Wasser aus einem heiligen Fluß oder einer Quelle mit Amphoren und Hydrien[20] geholt.

Am Hochzeitstag wurde im Haus des Brautvaters ein Mahl gegeben; außer der verschleierten Braut, dem Bräutigam und den Brauteltern nahmen auch die Verwandten und die Freunde des Brautpaares teil. Im Anschluß an das Hochzeitsmahl erfolgten die ἀνακαλυπτήρια[21], die Entschleierung der Braut. Eine Szene kurz vor der Entschleierung der Braut bietet uns Lukian (Symp.8). Am Abend fand die νυμφαγωγία - die Heimführung der Braut in das Haus des Bräutigams - statt. Man fuhr die Braut auf einem mit Ochsen, Maultieren oder Pferden bespannten Wagen. Sie nahm ihren Platz zwischen dem Bräutigam und dem παράνυμφος (einem Freund des Bräutigams) ein. Hinter dem Wagen folgten die Mutter der Braut, die Verwandten und Freunde der Braut und des Bräutigams mit Fackeln in den Händen. Den Hochzeitswagen begleiteten mit Musik und Gesang die παῖδες προπέμποντες; der Hochzeitszug wurde

20. Vgl. Stergianopulos 9 f., Karydi 90; über Darstellungen auf Vasenbildern s. Fink 202. Aus der Verwendung von Fackeln beim Wasserholen schließt Sticotti, daß die Lutrophorie am Vorabend der Hochzeit stattfand (187).

21. S. Euang. fr. 1, 1-3 K.-A. (aus einer Komödie Ἀνακαλυπτομένη); vgl. unten Kap. IV S. 60, 63; über die Entschleierung der Braut in der Kunst vgl. Kontoleon 365-67: weiter s. J.Oakley, "The Anakalepteria", Arch. Anz. 1982 (1) S. 113-118.

vom προηγητής[22] angeführt. Der Zug wurde vor dem Haus des Bräutigams von seinen Eltern empfangen; dann wurde die Braut in den Hauskreis eingeführt und dabei von den Hochzeitsgästen mit den sogenannten καταχύσματα[23] (Nüsse, Feigen, Datteln) überschüttet. Danach geleiteten die Gäste die Brautleute zum Brautgemach. Vor dessen Tür wachte die ganze Nacht ein Freund des Bräutigams, der θυρωρός[24], während die Hochzeitsgesellschaft Scherze trieb und an die Tür pochte.

Während aller Phasen der Hochzeitsfeierlichkeiten wurden Lieder gesungen. Am Morgen nach dem Hochzeitstag wurde das Brautpaar von einem Lied, dem διεγερτικόν[25], geweckt.

22. Vgl. z. B. Heckenbach RE VIII 2 (1913) 2130, 40-50. Einen der prunkvollsten Hochzeitszüge finden wir auf der Francoisvase, vgl. Fink 52.

23. Im heutigen Griechenland wird das Brautpaar während der kirchlichen Feier mit Reis und gezuckerten Mandeln überschüttet.

24. S. Sappho fr. 110 V., vgl. unten Kap. IV, S. 91 f.

25. S. Sappho fr. 30, vgl. unten Kap. IV, S. 100 f. weiter Kap. V, S. 128 f.

Kapitel III

Vorhomerisches, Homer, Ps. Hesiod

Die homerischen Epen sowie die bildende Kunst sind die
Quellen unserer Kenntnisse über den vorhomerischen Gesang. Wir erfahren von Liedern, die den Kult, die Feier,
die Trauer, die Arbeit begleiteten. In der Ilias finden wir
nicht nur Wörter wie »Lied, Dichter, Singen«[1], sondern
auch die Namen von Einzelliedern bestimmten Gepräges.
Sapphos Erzählung von der Hochzeit Hektors und Andromaches (fr. 44 V.) spricht nach West für die Ansicht, daß
es auch eine äolische Epik gab: »There was certainly in-
teraction between it and the Ionian tradition« (West, Poetry 191). Die äolische Epik setzt eine vorliterarische Poesie - teils volkstümlich, teils künstlerisch - voraus, ähnlich
wie die bildlichen Darstellungen aus dem 2. Jahrt. v. Chr.
Auf dem Schild des Achilleus, Il. Σ 483-617, werden die
Erde, der Himmel und das Meer beschrieben. Die Beschreibung der Erde, die auch die längste ist, fängt mit
der Schilderung zweier Städte an. In der ersten Stadt, der
friedlichen, wird auch eine Hochzeitsfeier dargestellt:

490   Ἐν δὲ δύω ποίησε πόλεις μερόπων ἀνθρώπων
             καλάς. ἐν τῇ μέν ῥα γάμοι τ' ἔσαν εἰλαπίναι τε,
             νύμφας δ' ἐκ θαλάμων δαΐδων ὕπο λαμπομενάων
             ἠγίνεον ἀνὰ ἄστυ, πολὺς δ' ὑμέναιος ὀρώρει·
             κοῦροι δ' ὀρχηστῆρες ἐδίνεον, ἐν δ' ἄρα τοῖσιν
495   αὐλοὶ φόρμιγγές τε βοὴν ἔχον· αἱ δὲ γυναῖκες
             ἱστάμεναι θαύμαζον ἐπὶ προθύροισιν ἑκάστη.

1. S. ausführlich darüber Diehl 85-89.

Es ist die älteste Hochzeitsbeschreibung, in der zum ersten Mal das Wort ὑμέναιος vorkommt. Ob damit der Jubelruf bzw. der Neckruf oder das Hochzeitslied[2] gemeint ist, kann man nicht mit Sicherheit sagen. Das Adjektiv πολύς erweckt die Vorstellung einer großen Zahl der an der Hochzeit Beteiligten. Es handelt sich um die Heimführung der Braut mitten durch die Stadt. Es ist Abend, und man feiert unter dem Schein der Fackeln. Auch Musik und Tanz gehören dazu.

Ἠγίνεον deutet auf die Heimführung hin, die der älteste literarisch bezeugte Teil der Hochzeitsfeier ist. Die Tatsache, daß der Dichter die Hochzeit als typische Szene der friedlichen Stadt beschreibt, zeigt die Wichtigkeit der Institution. Im Mittelpunkt der Beschreibung stehen die Frauen, die Bräute. Auch das Publikum besteht nur aus Frauen, die an den Haustüren stehen und staunen.

Als Begleitinstrument werden die Leier und die Flöte[3] erwähnt.

Daß auch Lieder gesungen wurden, läßt sich aus ein paar Anspielungen in der Odyssee erschließen. Bei der Ankunft des Telemachos in Sparta sang der Hofsänger im Palast des Menelaos ein Hochzeitslied (Od. δ 17 f.). Menelaos feierte gerade eine Doppelhochzeit - die seines Sohnes und seiner Tochter. Man war gerade beim Hochzeitsmahl: τὸν δ' εὖρον δαινύντα γάμον (3). In dieser Hochzeitsszene kommen Formeln vor, die mit der Realität zusammenhängen; δωσέμεναι (7) ist der Begriff

2. Vgl. oben Kap. I, S.30 f.
3. Blasinstrumente werden sonst vereinzelt erwähnt, vgl. Neubecker 7. Die Flöte begleitet schon in den ältesten Zeiten den Threnos, s. Huchzermeyer 22, vgl. unten Kap. IV, S. 87 f.

für die Vergabe; γάμον ἐξετέλειον (7) ist ein Spezialaus-
druck; ἤγετο κούρην (10) steht ebenfalls fest für die Heimführung der Braut. Für unseren Zusammenhang ist jedoch
die Iliasszene von größerer Bedeutung, nicht nur, weil hier
das Wort ὑμέναιος belegt ist, sondern auch, weil diese
Hochzeitsbeschreibung mit Bräuchen zusammenhängt, die
schon in Homers Zeit üblich waren. »Die Umwelt, aus der
der Dichter den Stoff für seine Beschreibung gewählt
hat« [4] ist seine eigene gewesen.
Die ps.-hesiodeische Schildbeschreibung enthält auch eine
Hochzeitsszene, die in Zusammenhang mit jener Homers
betrachtet werden kann.[5]

τοὶ μὲν γὰρ ἐυσσώτρου ἐπ' ἀπήνης
ἤγοντ' ἀνδρὶ γυναῖκα, πολὺς δ' ὑμέναιος ὀρώρει·
τῆλε δ' ἀπ' αἰθομένων δαΐδων σέλας εἰλύφαζε
χερσὶν ἔνι δμῳῶν· ταὶ δ' ἀγλαΐῃ τεθαλυῖαι
πρόσθ' ἔκιον· τῇσιν δὲ χοροὶ παίζοντες ἔποντο.
τοὶ μὲν ὑπὸ λιγυρῶν συρίγγων ἵεσαν αὐδὴν
ἐξ ἀπαλῶν στομάτων, περὶ δέ σφισιν ἄγνυτο ἠχώ.
αἴ δ' ὑπὸ φορμίγγων ἄναγον χορὸν ἱμερόεντα.

275
280

Anders als bei Homer hat die ps.-hesiodeische Hochzeitsbeschreibung Entsprechungen in der Kunst der archaischen
Zeit. Die Braut wird mit dem Wagen heimgeführt, »wie es
die Kunst seit der Mitte des 7.Jahrhunderts zeigt« (Fittschen N 22).
Als ein Epithalamion wird Hes. fr. 211 M.-W. von Tzetzes
(ad Lycophr. Scheer p. 4,9-12) erwähnt:

4. Fittschen N 17.
5. Vgl. z. B. Fittschen N 18.

ἐπιθαλαμιογράφοι δὲ ποιηταί, ὅσοι πρὸς τοὺς νυμφίους ἐν γάμοις ἐγκώμια ἔγραφον ... καὶ ἕτεροι καὶ Ἡσίοδος αὐτὸς γράψας
ἐπιθαλάμιον εἰς Πηλέα καὶ Θέτιν.

Das kurze Zitat des Tzetzes, der nur zwei Verse aus dem
Gedicht anführt, ist durch einen Papyrusfund erweitert
worden.[6] Hes. fr. 211 M.-W. :

```
...... ..] Φθίην ἐξίκετο μητέρα μήλων,
       πολλὰ] κτήματ' ἄγων ἐξ εὐρυχόρου Ἰαωλκοῦ,
       Πηλεὺ ]ς Αἰακίδης, φίλος ἀθανάτοισι θεοῖσιν.
       λαοῖσιν] δὲ ἰ[δ]οῦσιν ἀγαίετο θυμὸς ἅπασιν,
 5     ὥς τε πό]λιν [ἀ]λάπαξεν ἐύκτιτον, ὥς τ' ἐτέλεσσεν
       ἱμερόεν]τα γ[ά]μον, καὶ τοῦτ' ἔπος εἶπαν ἅπαντες·
       »τρὶς μάκαρ Αἰακίδη καὶ τετράκις ὄλβιε Πηλεῦ,
 ..... ] . ο [.]μέ[γα] δῶρον Ὀλύμπιος εὐρύοπα Ζεύς
 ..... ....] . [.... μ]άκαρες θεοὶ ἐξετέλεσσαν·
10     ὅς τοῖσδ' ἐν μεγάροις ἱερὸν λέχος εἰσαναβαίνων
 ..... ...... ...... . πατ]ὴρ ποίησε Κρονίων
 ..... ...... ..... περ]ί τ' ἄλλων ἀλφηστάων
 ..... ...... ..... .. χθονὸ]ς ὅς [σ]ο[ι καρ]πὸν [ἔ]δουσι
```

Es fällt auf, daß, außer dem Makarismos die übrigen Verse
nichts Gemeinsames mit einem Epithalamion haben.
Das Fragment stammt aus dem Frauenkatalog, der einer
anderen literarischen Gattung angehört; »the poem be-
longs in the last stage of the living epic« (West, Catalogue 136).

6. S. Reitzenstein 79; vgl. Schwartz 52, 395.

Kapitel IV

Frühgriechische Lyrik
Alkman

Das Hochzeitslied als literarische Gattung wird meistens mit dem Namen Sapphos verbunden. Schon im Altertum galt sie als Meisterin des Hochzeitsliedes und ihr Nachwirken reicht bis zur heutigen Zeit; doch kein einziges ihrer Hochzeitslieder ist vollständig auf uns gekommen. Sappho galt als die erste, die die Hochzeitslieder in die Literatur eingeführt hat. Sie ist weder die erste noch die einzige, die zu jener Zeit Hochzeitslieder dichtete.
Bis vor kurzem waren wir für unsere Kenntnisse über Alkmans Hochzeitsdichtung auf ihre Erwähnung bei Leonidas von Tarent[1] angewiesen. Leonidas nennt Alkman

τὸν χαρίεντ' 'Αλκμᾶνα, τὸν ὑμνητῆρ' ὑμεναίων
κύκνον, τὸν Μουσῶν ἄξια μελψάμενον.

Hier wird Alkman als Sänger der bräutlichen Lieder gepriesen. Otto Crusius[2] hat hervorgehoben, daß die Bezeichnung des Leonidas unverständlich wäre, »wenn sich bei Alkman nicht selbständige Dichtungen dieses Inhalts gefunden hätten«; doch fügt er hinzu, daß sichere Fragmente solcher Hochzeitslieder, wie bei Sappho, nicht nachweisbar seien. Auch Mangelsdorff[3] hielt es für möglich, daß Alkman Hochzeitslieder dichtete: »Diese waren wohl nicht wesensverschieden von denen Sapphos ... Reste haben wir davon nicht.« Paul Maas zeigte sich skeptischer:

1. AP VII 19, epigr. 57 Gow-Page.
2. RE I 2 (1894) 1569, 18.
3. Mangelsdorff 24.

»daß hier eine sonst nicht bezeugte Liedgattung des Alkman als seine berühmteste genannt wird, ist merkwürdig, muß aber hingenommen werden.« Maas[4] schließt nicht aus, »daß Theokrit 18 (auf Helena) von Alkman abhängt«. Heute, wo wir über neue Papyrusfunde verfügen, stehen die Dinge besser.

Ein neues Papyrusfragment weist auf festlichen Anlaß und Tanz hin. P. Oxy. XLV 3209, Taf. 1 (ed. M.H. Haslam 1977), fr. 1,4 und 8-9 und fr. 4,3 lassen den Herausgeber an Hochzeitslieder denken,[5] zumal bei fr. 4,3 das Wort γαμ[ος vorkommt. Der Text wurde durch einen Endtitel von J.Rea identifiziert. Es handelt sich um Fragmente aus dem sechsten Buch der Alkmanlieder. Dieser Papyrusfund ist deswegen besonders wichtig, weil hier zum ersten Mal (abgesehen vom Beleg der Suda[6]) das sechste Buch von Alkmans Liedern erwähnt wird. Haslam nimmt an, daß es sich um das letzte Buch der Alkmanausgabe handelt; in diesem Fall, meint er, ist es von Bedeutung, daß auch in der Sapphoausgabe die Hochzeitslieder im letzten Buch ihren Platz einnahmen.

Der Herausgeber macht auch auf das Metrum aufmerksam. Bei fünf der letzten sieben Verse (fr.1) sind die ersten Silben intakt. Die metrische Einheit ist bemerkenswert. Haslam rekonstruiert das Metrum und bringt Parallelen dazu. Er kommt zu dem Ergebnis, daß die metrische Einheit auf eine Komposition κατὰ στίχον hinweist. Der Beleg in der Suda wird durch dieses Fragment teilweise bestätigt, denn jetzt wissen wir mit Sicherheit, daß es sechs

---

4. Maas 132, 18.

5. S. darüber Maehler, Lit. Texte 79.

6. α 1289: ἔγραψε βιβλία ἕξ, μέλη καὶ Κολυμβώσας.

Bücher der Lieder Alkmans gegeben hat, wenn auch das Wort Κολυμβώσας nach wie vor rätselhaft bleibt.

<pre>
                    Fr. 1

            ·   ·   ·   ·
              ...]μα[
            ] Lücke [
            ] κλεοσφερ [
            ] ˌκαιροισατ[
   5   ] ...[..]ερ[
            ] οδ᾽ ευθυσˌ[
          ˌ]....[
            ]ˌχωδαφυψηλω[
            ]δομωναπακρω[
  10   ]⁻   [
          ]ˌ   [
          ]   ᾱλκμανοō   [
          ]   [
          ]ˌ   μ̄[ε]λων ϛ   [
                     ]   [
</pre>

<pre>
                    Fr. 4

            ·   ·   ·
              ]..[
              ]..[.].[
              ]ϛ γαμ[
              ]ατοστˌ[
   5   ]καλον[
              ]..[

            ·   ·   ·
</pre>

Bei fr. 1 sind einige Wörter erhalten, die für die Rekonstruktion des Inhalts von Bedeutung sind, wenn auch der sonst lückenhafte Text nur mit Vermutungen arbeiten läßt. Z.B. ist es nicht eindeutig, worauf κλέος zu beziehen ist. Möglich wäre es, daß es auf den Dichter selbst bezogen ist; die Ruhmeserwartung[7] in der frühen griechischen Lyrik ist bekannt. In diesem Fall, da man nicht weiß, was vorangegangen ist, könnte man annehmen, daß κλέος mit dem Anruf der Muse in einem Proömium stand. Sollte aber der Ruhm auf einen anderen bezogen sein, so müßte man φερ[mit irgend einer Endung ergänzen. σ]καίροισα

---

7. Vgl. Fränkel, DuPh 220; Maehler, Dichterberuf 69.

könnte sich auf ein Mädchen beziehen, das beim Tanzen springt. Σκιρτᾶν gehört zum Tanz bei Aristoph. Plut. 761.[8] Haslam erwägt diese Möglichkeit, doch mit dem Vorbehalt, daß es sich hier um ein ähnliches Bild wie bei Alkman 1, 50 und Anakr. PMG 417, 15 handeln könnte. Ob das Bild eines tanzenden Mädchens oder eine Metapher, wie bei den erwähnten Stellen, vorliegt, läßt sich schwer entscheiden. Nun tritt in Vers 6 eine neue Person auf. Haslam liest ὁ δ' εὐθύς; wer aber dieser Mann ist, bleibt uns verborgen. Nimmt man ὁ δ' εὐθύς an, so tritt hier durch δέ eine Antithese auf, die auf eine neue Szene oder Handlung hindeutet. Es scheint nicht wahrscheinlich, daß hier der Dichter selbst gemeint ist. Sollte es um eine Hochzeitsfeier gehen, so könnte man annehmen, daß es der Bräutigam ist. Auch ἀ]χ ώ in Vers 8 läßt an eine Hochzeitsfeier denken, denn das Wort kommt in einem solchen Zusammenhang bei Sa. fr. 44, 27; Eur. Iphig. Aul. 1009 und Theokr. 18, 8 vor. In Bezug auf unser Fragment ist die Theokritstelle von Bedeutung; dort heißt es ὑπὸ δ' ἴαχε δῶμ' ὑμεναίῳ[9] als käme der Widerhall von oben herab, was ἀφ' ὑψηλῶ[ν] δόμων entsprechen könnte, wozu ἀπ' ἄκρῳ[gut passen kann. Bei Theokrit wird die Stärke des Widerhalls von Stimmen jubelnder Menschen beschrieben. Bei Alkman rufen die erhaltenen Wörter (V. 8f.) etwas Ähnliches in Erinnerung.

8. Ὀρχεῖσθε καὶ σκιρτᾶτε καὶ χορεύετε. Bei Homer Σ 572 heißt σκαίρειν »rhythmisches Springen beim Tanz«, vgl. Schol. T Hom. Σ 572 (Erbse): τὸ δὲ σκαίρειν ἔμμουσον κίνησιν ὀρχηστικὴν καὶ εὔρυθμον δηλοῖ. Die genannten Stellen bekräftigen die Annahme, daß es sich bei Alkman eher um ein tanzendes Mädchen handelt.

9. Ὑπὸ δ' ἴαχε erinnert an ὑπηχέω bei Hes. Theog. 835.

50

Bei zwei weiteren Papyrusfragmenten hat man vermutet, daß sie aus einem Hochzeitslied stammen[10]: P. Oxy. 2443 fr.1 und P. Oxy. 3213. Wie Lobel erkannt hat, gehören beide Fragmente dem gleichen Lied an, denn die ersten zwei Zeilen von 3213 sind identisch mit den zwei letzten von 2443 fr. 1. Man hatte letzteres Fragment Pindar zugeschrieben (fr. dub. 345 Snell); inzwischen hat sich ergeben, daß eher Alkman als Verfasser in Betracht kommt: »... the text as now constituted has formal features that prima facie rule out all but Alcman of the known lyric poets that come into consideration as author«. (Lobel zu P. Oxy. XLV 3213, S. 14). Hier ist der zusammengefügte Text von P. Oxy. 2443 fr.1 und 3213 abgedruckt:

<pre>
        ]..[
        ]περε.[
      ]εαν κ..[
      ].κειαν[
5   ]καλυ[
      ]λαδ᾽ ἐκ[
 ]εφ.[....]ουδεις.[
 ]φρασάμαν μονος [
     ]ἐ Ποσειδᾶνος χα[.].
10   ].οσ

   μα. Λευκοθεα[ν ἐρατὸ]ν τέμεν[ος
   ἐκ τρυ. εᾶν ἀνιώ[ν, ἔ]χον

   δὲ σίδας δύο γλυκείας.
   ταὶ δ᾽ ο.εδη ποταμῶ(ι) καλλιρόω(ι)
15 ἀράσαντ᾽ ἐρατὸν τελέσαι γάμον
</pre>

10.Vgl. Parsons 520.

καὶ τὰ πασεῖν ἅ' γυναιξὶ καὶ ἀνδρά[σι

]ατα κωριδίας τ' εὐνᾶς [τυ]χῆν κτλ.

Lobels Annahme der Verfasserschaft Alkmans wurde durch Wests[11] metrische Analyse bekräftigt.

Betrachtet man den Inhalt des Fragments, so sind die ersten 10 Verse so verstümmelt, daß für den Zusammenhang nur wenig zu gewinnen ist. Doch]ουδεις [(7) und]φρασάμαν μονος[(8) deuten auf die Person, die hier spricht: Es spricht ein Mann. Sollten ουδεις und μονος zusammengehören? Dann bezeichnen sie wahrscheinlich eine Situation: » niemand ... allein«. Was nach Ποσειδᾶγος (9) kommt, χα[.], läßt sich schwer ergänzen. Vers 11 ist verständlich: »Das liebliche Heiligtum der Nereiden« bestimmt den Ort. Poseidon und die Nereiden stehen vielleicht in demselben Zusammenhang. Zu Vers 12 hat man zwei Möglichkeiten erwogen (beide sind Vermutungen, die sich auf die Wendung ἐκ τρυ[γ]εᾶν beziehen; die Schwierigkeit liegt hauptsächlich an dem Wort τρυ[γ]εᾶν, das sonst nicht bezeugt ist). Lobel kombiniert die Wendung ἐκ τρυ[γ]εᾶν mit ἀνιώ[ν: »the genitive is usually a place name, or something more or less equivalent, or the scene of an activity«.[12]

Die zweite Vermutung, die aber eher unwahrscheinlich ist, hat Luppe geäußert: τρυ[γ]εᾶν sei eine unbekannte Strauch- oder Baumart (vgl. ῥοδέα, συκέα, μηλέα) und ἀνιώ[ν sollte man als ἀνιόν mit Bezug auf Hesych a 5203 ἄνιος, ἀνατεπείς deuten als ἀναπετής (»mit weitausladenden Zweigen«). Der Stamm τρύγ- ist in zwei Wörtern enthal-

11. West, Notes 38 f.
12. S. P. Oxy. 3213, S. 16.

ten, die den neuen Wein bedeuten, τρύξ und τρυγία; vielleicht heißt τρυγέα der Weinstock oder der Weinberg. Wenn man ἀνιόν als Adjektiv liest und τρυγέα als Weinberg übersetzt, dann heißt es »der Nereiden lieblicher Hain mit den Weinbergen«; das wäre ein ähnliches Bild wie bei Sappho fr. 2, 3-4 V., in dem rings um den heiligen Tempel ein Hain mit Apfelbäumen sich erstreckt. Der Anblick von Weinbergen ist auch lieblich und paßt zu einem heiligen Hain. Luppe übersetzt die Worte σίδας γλυκείας mit »süßfrüchtige Granatapfelbäume«. Es wäre möglich, daß hiermit die Früchte gemeint sind. Die süßen Granatäpfel erinnern an den süßen Apfel, mit dem Sappho fr. 105 a V. die Braut vergleicht. Man könnte sich die Granatäpfel als Hochzeitsgeschenke vorstellen, aber das läßt sich schwer mit der Wendung ἐκ τρυ[γ]εᾶν verbinden. Man könnte annehmen, daß ἔχον auf jemanden bezogen ist, der zwei Granatäpfel hält; entsprechende Darstellungen gibt es in der Vasenmalerei. In diesem Fall müßte es ἔχων heißen. Wenn jedoch ἔχον richtig ist, ist die Verbindung mit τέμενος kaum zu vermeiden, und dann wird es schwer, Früchte statt Bäume zu verstehen.

Die Koronis und die Paragraphos im Vers 13 zeigen, daß hier eine Strophe endet. Damit scheint auch eine inhaltliche Einheit innerhalb des Ganzen abgeschlossen zu sein. An PMG 1 hat Fowler[13] aufgezeigt, wie Alkman die Strophen mit bestimmten inhaltlichen Einheiten zusammenfallen läßt. Das könnte auch für unser Fragment gelten, denn wahrscheinlich stammt es aus einem längeren Gedicht bzw. aus einem Gedicht, das aus längeren Strophen bestand, wie West bei der metrischen Analyse vermutet.[14]

---

13. Fowler 72.
14. Vgl. West, Notes 38 f.

Mit ταὶ δ' nimmt das Lied eine neue Wendung. Hier sind die handelnden Personen weiblich; die Szene spielt an einem Fluß. Was dort geschieht, erfahren wir in berichtender Form, während im ersten Teil (V. 1-13) ein Mann in erster Person von sich erzählt, vielleicht von seiner eigenen Lage (8). Daß diese weiblichen Gestalten am Fluß liebliche Hochzeit selbst zu feiern begehren oder anderen wünschen[15], ist wahrscheinlich eine Anspielung auf den Ritus des Brautbades, das ursprünglich an einem heiligen Fluß stattfand. Daß die Flüsse Götter sind, zu denen man betete und denen man Votivgaben brachte und Tiere schlachtete, ist im Ritual und Glauben[16] verwurzelt. Κωριδίας ist ein konventionelles Wort, das auf die rechtmäßige Ehe hindeutet; κουριδίους ἄνδρας zu bekommen galt in der Antike als der beste Wunsch für die Mädchen; das wünscht den Mädchen sogar eine Göttin.[17]
Dieses Fragment ist von besonderem Interesse, denn es zeigt Einfluß der Odyssee. Daß sich bei Alkman Anklänge an die Odyssee finden, ist bekannt. PMG 80 bezieht sich auf die berühmte Szene μ 47 ff., aber nach dem Schol. Hom. Π 236 b hat Alkman die homerische Szene in einem anderen Zusammenhang gebraucht. PMG 81 Ζεῦ πάτερ, αἰ γὰρ ἐμὸς πόσις εἴη ist wahrscheinlich eine Umgestaltung von Odyssee ζ 244 αἲ γὰρ ἐμοὶ τοιόσδε πόσις κεκλημένος εἴη, wie Aristarch im Scholion zu dem Vers (p. 314 Dindorf) beobachtet: ἐπεὶ καὶ Ἀλκμὰν αὐτὸν μετέβαλε παρθένους λεγούσας εἰσάγων.
Man hat die Ansicht vertreten, daß es sich bei diesen Fragmenten nicht um homerischen Einfluß handelt, son-

15. S. Hom. Hy. Dem. 135.
16. Vgl. Burkert Rel. 271.
17. Vgl. ebenda Anm. 15.

54

dern um Formeln aus der epischen Tradition.[18] Doch zeigt das hier besprochene Fragment, daß Alkman aus verschiedenen Passagen der Odyssee den mythischen Teil[19] seines Stoffes zusammengefügt und umgestaltet hat; es ist wohl nicht zufällig, daß Leukothea und Poseidon in der Odyssee ε 334 und 339 vorkommen; weiter finden wir die Entsprechung von Vers 14 f.: ταὶ δ' ὅτε δὴ ποταμῷ καλλιρόῳ ἀράσαντ' ἐρατὸν τελέσαι γάμον mit Od. ε 441 f. ἀλλ' ὅτε δὴ ποταμοῖο κατὰ στόμα καλλιρόοιοl ἷξε νέων.

Der Überlieferungszustand des Fragments erschwert jeden Versuch einer Rekonstruktion; dennoch gibt es drei Gründe, die die Annahme bestätigen, daß das Fragment aus einem Hochzeitslied stammt. a. Die Symbole (13): Granatäpfel sind als Symbol der Fruchtbarkeit in der Ehe bekannt. b. Der Ritus des Brautbads (14). c. Die für die Hochzeitslieder typische Wendung τελέσαι γάμον (15)[20].

So gewagt es auch ist, ein als Partheneion bekanntes Gedicht als Epithalamion aufzufassen, sollte man die Möglichkeit nicht von vornherein ausschließen. Griffiths hat die These aufgestellt, daß Alkmans Louvre-Partheneion ein Epithalamion sei und zwar ein διεγερτικόν; eines jener Lieder, die in den Scholien Theokrits (Schol. Theokr. 18, p. 331 Wendel) folgendermaßen definiert werden: τῶν ἐπιθαλαμίων τινὰ μὲν ᾄδεται ἑσπέρας, ἅ λέγεται κατακοιμητικά ... τινὰ δὲ ὄρθρια, ἅ καὶ προσαγορεύεται διεγερτικά.

Bei der Erwägung dieser Möglichkeit stößt man zunächst auf drei Schwierigkeiten: a. Da bisher von Alkman nur

18. Vgl. Risch Alkm. 315; Fowler 39.
19. Vgl. dazu Fowler 26, 30.
20. S. darüber P. Oxy. 3213 zum Vers; vgl. unten Sappho fr. 112 V. S. 101 f.

Fetzen solcher Lieder erhalten sind, hat man keine Vergleichsmöglichkeiten. b. Das Fragment selbst weist keine augenscheinlichen bzw. typischen Merkmale eines Epithalamions auf, so wie sie besonders bei Sappho, Theokrit und Catull festzustellen sind. Es fehlen die typischen Motive und ein für die Hochzeitslieder geeigneter Mythos. c. Indirekt ist uns nichts darüber überliefert; infolgedessen ist man seit Jahrzehnten darauf angewiesen, Redewendungen, Anspielungen und einige Wörter mehr oder weniger mit Vermutungen zu interpretieren; »the Partheneion has been a happy hunting-ground for the imaginative« (Page, Alcman iv). Die Literatur über kleinere und größere Probleme ist inzwischen uferlos; zwar hat man seit Pages grundlegender Ausgabe des Partheneion eine Ausgangsbasis, doch bleibt noch vieles rätselhaft.

Griffiths begründet seine Interpretation, indem er Theokrit 18 heranzieht und durch Vergleich zu dem Ergebnis kommt, daß Alkmans Partheneion als Vorlage für Theokrit diente. Auf die Frage, wie es möglich sei, daß Theokrit ein Partheneion als Epithalamion auffaßte, gibt Griffiths die Antwort, daß wahrscheinlich das Gedicht kein Proömion hatte und deswegen vergessen war »and only rediscovered in the late fourth or early third century« (Griffiths 28, Anm. 61). Griffiths nimmt an, daß Agido die Braut, Agesichora Helena und Aotis Artemis seien. Was den Chor betrifft, so meint er, daß er ursprünglich aus zwölf gleichaltrigen Mädchen bestand; nachdem eine geheiratet habe und weggegangen sei, seien elf geblieben. Bei Theokrit besteht der Chor aus zwölf Mädchen; die Situation bei Alkman sei ähnlich wie bei Catull 62, 32

Hesperus e nobis, aequales, abstulit unam.

So skeptisch man auch gegenüber dieser Interpretation sein mag, so kann man doch in einigen Punkten Griffiths Argumentation weiterführen. Das Fragment, das zur Hälfte aus dem Mythos der Hippokoontiden und Betrachtungen

allgemeiner Natur besteht, nimmt mit den Worten ἐγὼν δ'
ἀείδω Ἀγιδῶς τὸ φῶς eine neue Wendung. Agidos Name
erscheint gerade in der Mitte des Gedichts; das Wort δὲ
bildet eine Antithese zu dem Vorausgegangenen. Griffiths
macht zwei Bemerkungen dazu: »Ich besinge jemanden«
bedeutet, daß er das Thema meines Liedes sei. Griffiths
bringt dazu drei Stellen: Pi. O. 14, 17 f., N. 5, 50 und 7, 6
ff. Zwei weitere Stellen könnten für seine Argumentation
sprechen: Sappho fr. 103, 2 ἀεί]σατε τὰν εὔποδα νύμφαν[,
und Kallimachos fr. 392 Pf. (=Suppl. Hell. 961) Ἀρσινόης
ὦ ξεῖνε γάμον καταβάλλομ' ἀείδων.
Die zweite Bemerkung bezieht sich auf τὸ φῶς: »light is
an allpervading motif of epithalamia« (Griffiths 15). Griffiths verweist auf Aristophanes (Av. 1709 ff., 1748 f.) und
Catull (61, 21 und 64, 43-9; 269-75); es ließen sich drei
Stellen anführen, an denen das Wort φῶς unmittelbar auf
die Hochzeit[21] bezogen ist: Eur. Phoen. 344f. ἐγὼ δ' οὔτε
σοι πυρὸς ἀνῆψα φῶς| νόμιμον ἐν γάμοις. Iph. Aul. 733 ἐγὼ
παρέξω φῶς δ' νυμφίοις πρέπει. Suppl. 1025 ἴτω φῶς γάμοι τε.
Diese Auffassung schließt die Möglichkeit einer anderen
Interpretation nicht aus. Indem Alkman Agido unmittelbar
mit dem Licht verbindet, setzt er sie einer Gottheit
gleich. Agido leuchtet wie die Sonne, und das heißt, daß
sie schön ist. Licht in Zusammenhang mit Schönheit deutet auf eine Epiphanie hin. Zur Erläuterung dieses Zusam-
menhanges bietet Bremer eine Stelle aus dem homerischen Hymnos auf Aphrodite 174 f. κάλλος δὲ παρειάων
ἀπέλαμπεν | ἄμβροτον. »In der Anwesenheit der erschei-
nenden Gottheit ist auch ihre Schönheit gegenwärtig erfahren, und zwar als Licht« (Bremer, 219). Vgl. auch Hom.

21. Auf die Vorstellung der Hochzeit als Licht hat auch
   Bultmann 9 hingewiesen.

Hy. Dem. 276 περί τ' ἀμφί τε κάλλος ἄητο. 278 f. τῆλε δὲ φέγγος ἀπὸ χροὸς ἀθανάτοιο Ι λάμπε θεᾶς.

Es ist ein Motiv der Epithalamien, daß die Brautleute den Göttern ähnlich sind[22]; ihnen werden Attribute verliehen, die für die Götter bestimmt sind.[23]

Griffiths meint, daß die Mädchen des Chors Helena huldigen, denn hinter Hagesichora (die er für eine Gottheit hält) sei Helena zu vermuten. Alkman lebte in Sparta, und die lokale Tradition des Helenakultes wird immer wieder das Thema seiner Dichtung. Er ist auch der erste, der in der frühgriechischen Literatur sich mit der Gestalt der Helena auseinandergesetzt hat[24]; (es ist möglich, daß er auch über ihre Hochzeit dichtete). Es scheint, daß Hagesichora in der Tat ein höheres Wesen ist. Sie ist κλεννά, ihr Haar ist χρυσὸς ὡς ἀκήρατος, sie hat ἀργύριον πρόσωπον, sie ist καλλίσφυρος und nicht zuletzt

ἐξ Ἀγησιχόρ[ας] δὲ νεάνιδες
[ἱρ]ήνας ἐρατ[ᾶ]ς ἐπέβαν·

Wenn man Hagesichora mit Helena identifiziert, so ist sie »eine Art Ehegöttin der Spartaner« (Merkelbach 22).

Aotis als Artemis würde zu den θεοὶ γαμήλιοι gehören; in diesem Fall könnte man das Wort τέλος auch auf die Hochzeit beziehen. Sowohl Aotis (Artemis?) als auch Hagesichora (Helena?) sind für die Mädchen des Chores

22. S. z. B. Sappho fr. 44 V.
23. Vgl. unten zu Sappho fr. 103,3 V. und 115,2 V. S. 82, 98 f.
24. Detailbelege dazu bietet die Arbeit von Gisela-Bärbel Schmid, Die Beurteilung der Helena in der frühgriechischen Literatur, Diss. Freiburg i. B. 1982.

helfende Mächte; sie besitzen Kräfte, die an Gottheiten erinnern.

Im Partheneion gibt es Motive, die indirekt mit einer Hochzeit verbunden sind. Die Stellen, die solche Motive enthalten, haben den Interpreten besondere Schwierigkeiten bereitet, aber niemand außer Griffiths kam auf den Gedanken, es als Epithalamion zu interpretieren.

Zu den unzähligen Hypothesen und Interpretationen, die zu zwei Stellen des Fragments aufgestellt wurden, möchte ich etwas erwähnen, weil es mindestens auffallend ist. Es geht um die Verse

40-43 ὁρῶ | F᾽ ὥτ᾽ ἄλιον, ὅνπερ ἄμιν | ᾽Αγιδὼ μαρτύρεται |
φαίνην

und 98-99 ἀντ[ὶ δ᾽ἔνδεκα
παίδων δεκ[ὰς ἅδ᾽ ἀείδ]ει

Der Sinn der ersten Stelle ist: Ich sehe sie (sc. Agido) wie die Sonne, von der Agido Zeuge ist, daß sie scheint. Das heißt, die Sonne wird mit Agido verglichen, nicht Agido mit der Sonne. Daß die Sonne scheint, zeigt das Scheinen der Agido. Agidos Strahlen übertrifft das Strahlen der Sonne. In einem neugriechischen Volkslied strahlt die Braut in Schönheit, worum sie die Sonne beneidet[25].

Der Sinn der Verse 98-99 ist, daß vorher (vor der Hochzeit?) elf Mädchen im Chor gesungen haben, nun (da das eine geheiratet hat?) singen statt elf noch zehn. Etwa denselben Gedanken finden wir im folgenden neugriechischen Volkslied, das gesungen wird, während die Verwandten der Braut vor dem Haus des Bräutigams sich von der Braut verabschieden.

25. S. unten Kap. V, S. 119.

Ἦρθαν ἕξη, πάνουν πέντε,
καὶ τὸν κάλλιο τὸν κρατοῦνε,
γιὰ νὰ στρώνῃ, νὰ ξεστρώνῃ,
νὰ τιμάῃ τὸν πεθερό της,
νὰ τιμάῃ τὴν πεθερά της. [26]

Es waren sechs gekommen, nun gehen fünf weg
und den besten behalten sie,
damit sie deckt und aufräumt,
damit sie ihren Schwiegervater beehrt,
damit sie ihre Schwiegermutter beehrt.

In Alkmans Partheneion sind auch einige Wörter, die von den Interpreten (schon in den Scholien) in verschiedener Weise ausgelegt wurden. Z.B. die Pleiaden (60), die im Neugriechischen ἡ Πούλια heißen, sind ein festes Motiv in den volkstümlichen Hochzeitsliedern, genauso wie der Abendstern bzw. der Morgenstern, ὁ Αὐγερινός. Das Wort φάρος (61), das der Scholiast als ἄροτρον erklärt, gehört in den neugriechischen Volksliedern zu den Hochzeitssymbolen. Wenn die Braut das Haus des Bräutigams betritt, soll sie über das am Eingang liegende Pflugschareisen schreiten.
Die Parallelisierung, die Griffiths zwischen Alkmans Louvre-Partheneion und Theokrit 18 vorgenommen hat, verdient in vielen Punkten Beachtung; es bleiben aber manche Punkte in seiner Beweisführung, die schwach sind. Auch die Ähnlichkeit mancher Motive, Symbole und Wörter im Partheneion und in den neugriechischen Volksliedern ist auffallend; doch dies alles genügt noch nicht, um Alkmans Partheneion als Epithalamion aufzufassen.

26. **Politis, Ehe** 277.

Von Alkman sind einige Fragmente von Liedern erhalten, die für das Mahl bestimmt waren; in diesen Fragmenten ist die Rede von verschiedenen Speisen, die vom einfachsten Erbsenbrei (fr. 17, 4) bis zu der luxuriösen Süßigkeit χρυσοκόλλα (fr. 19, 4) reichen. Alkmans Beschreibungen der einfachen Freuden des Lebens sind nicht um ihrer selbst willen in seine Lieder eingegangen. Man muß dahinter den Anlaß suchen, aus dem er sie schuf?[27] Diese Fragmente sind im allgemeinen »kein Zeugnis für spartanische Üppigkeit, sie bestätigen eher, daß es auch dort damals knapp zuging. Die naturgegebene Armut des griechischen Bodens und Lebens war ja gerade ein Anlaß zur geistigen Größe der griechischen Kultur« (Von der Mühll, 255).
Anlaß für die Mahlzeiten, die Alkman beschreibt, gaben z. B. die Phiditien (Syssitien) oder ein sakrales Festessen, die Kopides[28] ; doch gab es auch die Hochzeitsmahle, in deren Verlauf die Enthüllung (Anakalypteria) der Braut erfolgte.
PMG 19 ist bei Athenaios III 110 F f. überliefert

> κλίναι μὲν ἑπτὰ καὶ τόσαι τραπέσδαι
> μακωνιᾶν ἄρτων ἐπιστεφοίσαι
> λίνω τε σασάμω τε κἠν πελίχναις
> ⁺πεδεστε⁺ χρυσοκόλλα.

Wenn man dieses Fragment Alkmans mit den übrigen, die auf eine Mahlzeit bezogen sind, vergleicht, fällt auf, daß

27. Vgl. Bowra 68.
28. Die Kopides waren sakrale Festessen, die im Hochsommer stattfanden und drei Tage dauerten; es gab sie an den Tithenidia und an den in Sparta gefeierten Hyakinthia; vgl. Von der Mühll 257.

es aus festlichem Anlaß verfaßt ist. Die sieben κλίναι und ebenso viele τραπέσδαι, die besondere Art des Brotes, der Überfluß – die Tische sind übervoll mit Broten beladen – und nicht zuletzt das neugebildete Wort χρυσοκόλλα (der erste Teil des zusammengesetzten Substantivs deutet auf etwas Luxuriöses und nicht Gewöhnliches hin), das Athenaios (a.a.O.) folgendermaßen definiert: ἐστὶ (δὲ) βρωμάτιον διὰ μέλιτος καὶ λίνου, lassen uns an ein Hochzeitsfest denken; der Mohn und der Sesam sind Symbole der Fruchtbarkeit in der Ehe.

Nach Welcker[29] sind die Verse einem Hochzeitslied zuzuweisen, nach K.O.Müller[30] stammen sie aus einem Lied auf das sakrale Fest der Kopis. Wilamowitz erwähnt das Fragment als Beispiel für den iambischen katalektischen Trimeter mit der Bemerkung, daß auch fr. 96 dazu gehöre, ohne sich dabei über die Gattung der Fragmente zu äußern: »Die beiden ... stammen aus demselben Gedichte, das ein Festmahl beschrieb, gegeben von einem reichen Manne« (Wilamowitz, GV, S. 285 mit Anm. 2). Im weiteren spricht er weder von einer Kopis noch von einer Hochzeit, sondern allgemein über die Brotsorten, die auf dem Tisch reichlich vorhanden sind.

Bowra nimmt an, daß das Fragment von einer Hochzeit handle, »it looks like a wedding« (Bowra 68); Sesambrot entspricht in der Antike dem heutigen Hochzeitskuchen; das zeigt auch ein Vers des Aristophanes, in dem von den Hochzeitsvorbereitungen die Rede ist; Pax 869 ὁ πλακοῦς πέπεφθ᾽, ἡ σησαμῆ ξυμπλάττεται, und das Scholion dazu: 869 a παρὰ τὸ ἐν τοῖς γάμοις ἔθος. ἐδόκουν γὰρ ἐν τοῖς γάμοις

29. Welcker, Bd. III, S. 67.
30. Karl Otfried Müller, Die Dorier II, 2.Aufl. 1844, S. 273 Anm. 4.

σήσαμον διδόναι. 869 b σησαμῆ· πλακοῦς γαμικὸς ἀπὸ σασά-
μων πεποιημένος, διὰ τὸ πολύγονον, ὥς φησι Μένανδρος.[31]
Sesam mit Honig gibt man der Braut heute noch in Kreta, wenn sie das Haus ihres Mannes betritt; im Altertum haben die Gäste davon bekommen, Phot. Lex. 510, 8-14 (Porson):

Σήσαμον: μετὰ μέλιτος κεκομμένον, πρῶτον μὲν παρὰ τῷ νυμφίῳ τὸ παλαιὸν ἐδίδοσαν τοῖς ἀπαντῶσι περιόντες τῶν ἐντίμων ἢ φίλων, ἐπιλέγοντες ὡς παρὰ τοῦ γαμοῦντος ἐστὶν ἢ τῆς γαμουμένης· νῦν δὲ δεῖπνα ποιοῦντες κατ' οἰκίαν διανέμουσι τοῖς κεκλημένοις· ἔστι δὲ ὅτε τὴν σησάμην θέλοντες περιφέρειν δεῦρο πολυτελῆ· ἐν δὲ τοῖς γάμοις ἐδίδοσαν σησάμην, ἐπεὶ πολυγονώτατον σήσαμον.

Ebenfalls bei Aristophanes, Av. 159 ff., hören wir von Pflanzen, die bei der Hochzeit verwendet wurden; der Wiedehopf erwähnt sie, wenn er das Leben der Vögel beschreibt (was anschließend Euelpides als βίος νυμφίων **bezeichnet): »Wir ernähren uns in den Gärten von weißem Sesam und Myrte und Mohn und Minze«.**

Von der Mühll und neuerdings Calame[32] halten fr. 19 für zusammenhängend mit der Kopis. Von der Mühll bietet als Parallelen Kratinos fr. 175 K.-A. und Epilykos fr. 4 K.-A. Diese Fragmente lassen sich jedoch kaum mit Alkman fr. 19 vergleichen, denn sie beschreiben eine schlichte Kopis und keine üppige Mahlzeit, wie es das Alkman-Fragment tut.

Calame zieht Xenophanes (21 B 1 D.-K.) als Parallele heran. Hier ist es offenkundig, daß es sich um ein sakrales Festmahl handelt. Jedoch ist die Rede nur von einem

---

31. Fr. 910 Körte, vgl. Sam. 74. 125. 190.
32. Von der Mühll 258 f.; Calame, Alcman 370.

Tisch, und die Brote sind einfach hell (wörtlich: blond), es gibt keinen Sesam, keinen Mohn, keine Süßigkeiten, sondern Käse und Honig. Wenn etwas vergleichbar ist, so ist es Euangelus, Anakalyptomene, fr. 1, 1-3

> τέτταρας ῡ τραπέζας τῶν γυναικῶν εἶπά σοι,
> ἓξ δὲ τῶν ἀνδρῶν, τὸ δεῖπνον δ᾽ ἐντελὲς καὶ μηδενὶ
> ἐλλιπές. λαμπροὺς γενέσθαι βουλόμεσθα τοὺς γάμους.

Bei einer Hochzeitsfeier geht es um den Glanz, um die λαμπροὶ γάμοι. Alkmans Fragment läßt uns etwas von diesem Glanz spüren. Ähnlich wie bei Anaxandrides im Protesilaos fr. 41, 2 Kock[33], wo die Hochzeit des Iphikrates mit der Tochter des Thrakerkönigs Kotys geschildert wird. Hier werden auch schöne Düfte und Weihrauch erwähnt, wie bei Sappho in dem Hochzeitslied auf Hektor und Andromache. Auch die Symbole fehlen nicht: die Äpfel (54), die Granatäpfel und der Mohn (55), der Sesam (60). Wenn Alkmans fr. 19 aus einer Hochzeitserzählung stammt, so beschreibt es eine Szene aus den Anakalypteria. Eine Szene aus einem Festmahl, währenddessen die Enthüllung der Braut stattfand, bietet uns auch Lukian Symp. 8:

Δέον δὲ ἤδη κατακλίνεσθαι ἁπάντων σχεδὸν παρόντων, ἐν δεξιᾷ μὲν εἰσιόντων αἱ γυναῖκες ὅλον τὸν κλιντῆρα ἐκεῖνον ἐπέλαβον, οὐκ ὀλίγαι οὖσαι, καὶ ἐν αὐταῖς ἡ νύμφη πάνυ ἀκριβῶς ἐγκεκαλυμμένη, ὑπὸ τῶν γυναικῶν περιεχομένη.

---

33. CAF 2, 150.

Stesichoros

Hochzeitslieder von Stesichoros sind uns nicht bezeugt, aber zwei Fragmente aus dem Gedicht Ἑλένα[1] deuten auf einen Hochzeitszug und ein kostbares Hochzeitsgeschenk hin.
PMG 187-188 sind bei Athenaios[2] überliefert. Nach PMG 189[3] soll Theokrit für sein Epithalamion (18) Stesichoros als Vorlage gehabt haben. PMG 187 ist ein Ausschnitt aus der Beschreibung des Hochzeitszuges bei der Vermählung Helenas mit Menelaos[4]

> πολλὰ μὲν Κυδώνια μᾶλα ποτερρίπτουν ποτὶ δίφρον ἄνακτι,
> πολλὰ δὲ μύρσινα φύλλα
> καὶ ῥοδίνους στεφάνους ἴων τε κορωνίδας οὔλας.

Fast jedes Wort dieses Fragments erinnert an einen Hochzeitsbrauch.[5] Der Wagen deutet auf die Heimführung

1. Zu der Rekonstruktion der Fragmente aus Helena und Palinodie s. Kannicht, Bd. I, S. 26 f.; zu PMG 187-189 ebenda S. 40.
2. Athen. III 81 D und X 451 D.
3. Arg. Theokr. 18, dazu Kannicht, a. O. S. 40: »Der Wert dieser Nachricht ist nicht leicht zu überschätzen; denn Theokrits Gedicht ist ein deutlicher Reflex der Bedeutung, die die Hochzeit dieser beiden in Sparta ὡς θεοί verehrten Heroen als das mythische, sich sozusagen immer wiederholende Urbild aller spartanischen Hochzeiten gehabt hat« ; s. dazu Merkelbach 19-23.
4. Page zu PMG 187: ad Helenae Menelaique nuptias referendum.
5. Zu den antiken Hochzeitsbräuchen s. oben Kap. II, S. 33 Anm.1.

der Braut durch den Bräutigam seit den ältesten Zeiten.[6] Die Quitte,[7] ähnlich wie der Apfel, galt als Symbol der Liebe und der Fruchtbarkeit. Zu den symbolischen Handlungen gehört auch das Bewerfen[8] mit Myrtenblättern, Rosen- und Veilchenkränzen.[9] Was die Art der Blumen anbetrifft, so gehören sie seit eh und je zu der Tradition des Hymenaios, etwa wenn Götter sich vereinen - man denke an die Iliasszene[10]: während Zeus Hera umarmt, läßt die Erde Blumen sprossen - oder an die Epithalamien Sapphos, die bei Hochzeitsfeiern gesungen wurden. Es sind hübsche, duftende Blumen, die auf die Jahreszeit deuten[11]. Die Myrte mit ihren wohlriechenden

6. Hom. Il. Σ 491 f., Hes. Asp. 273 f.; dazu Mangelsdorff 3 f., Hermann-Blümner 274.

7. Das Bewerfen mit Quitten sollte zur Fruchtbarkeit beitragen; s. Murr 84 f., Gerber zur Stelle; Davies 400 mit Anm. 8. Über die Beziehung der Quitte zu Liebe und Begehren s. Plut. coni. praec. 1 p. 138 D.: ὁ Σόλων ἐκέλευε τὴν νύμφην τῷ νυμφίῳ συγκατακλίνεσθαι μήλου κυδωνίου κατατραγοῦσαν, αἰνιττόμενος ὡς ἔοικεν ὅτι δεῖ τὴν πρώτην ἀπὸ στόματος καὶ φωνῆς χάριν εὐάρμοστον εἶναι καὶ ἡδεῖαν; vgl. Plut. quaest. Rom. 65 p. 279 F. Zur ähnlichen Symbolik des Apfels s. Sappho fr. 105 (a) V.

8. Φυλλοβολία ist gewöhnlich bei Siegeszügen bezeugt, wie z. B. Pindar P. 9, 123 f., Kallimachos Hek. 260, 11-13 Pf. Das Bewerfen mit Blättern und Blumen scheint in diesem Zusammenhang bis jetzt zum ersten Mal bei Stesichoros aufzutreten. Über die Myrte und ihre Symbolik s. Murr 84 f.; vgl. Gerber zu Arch. fr. 25; Lilja 177.

9. Über Kränze bei der Hochzeit s. Köchling 63; Blech 80.

10. Il. Ξ 347-349.

11. Es sind Frühlingsblumen; in Wirklichkeit fanden die

Blüten, ebenso wie die Rose, war der Liebesgöttin als heiliges Symbol geweiht. Die Myrte erscheint in Griechenland neben der Rose ganz allgemein als der heilige Strauch der Frühlings- und Liebesgöttin.[12] Auch das Veilchen[13] gehört zu den Blumen einer idealen Frühlingslandschaft, geeignet für eine mythische Hochzeitsbeschreibung.

Bei PMG 188 λιθαργύρεον ποδανιπτῆρα wird vermutet, daß es ein Hochzeitsgeschenk sei. In diesem Fall ist die Erwähnung des Geschenks für das ganze Gedicht von Bedeutung. Es zeigt, daß Stesichoros' Beschreibung ausführlich gewesen sein muß und mehrere Phasen der Hochzeitsfeier beschrieb. Hochzeitsgeschenke wurden dem Brautpaar auch am zweiten Tag nach der Hochzeit überbracht.[14] Ja sogar Göttinnen[15] beschenkten die Braut. Aphrodite schenkte der Andromache zur Hochzeit einen Schleier. Bei Euripides läßt Medea[16] der Braut Iasons eine Krone und einen Peplos überreichen.

PMG 179 a ist bei Athenaios[17] überliefert:

σασαμίδας χόνδρον τε καὶ ἐγκρίδας
ἄλλα τε πέμματα καὶ μέλι χλωρόν.

Athenaios' Bemerkung τῇ παρθένῳ δῶρα[18] und das Wort

Hochzeiten im Winter statt, vgl. Erdmann 252.

12. Vgl. Schönbeck 82.

13. Über das Veilchen, seine Farbe, seinen Duft und seinen Gebrauch bei Sappho (zusammengesetzt mit κόλπος) s. unten zu Sa. fr. 103, 3 V., S. 79-82.

14. Vgl. Hermann-Blümner 276.

15. Schol. Eur. Phoen. 71; vgl. Blech 78.

16. Eur. Med. 786, 949, 978.

17. Athen. IV 172 D.

18. S. Hesych a 1621: ἀθρήματα· δῶρα πεμπόμενα παρὰ τῶν

σασαμίδας[19] lassen uns an eine Hochzeit denken?[20] Ähnlich wie PMG 187 stammt wahrscheinlich auch PMG 179 a aus einem längeren Gedicht »a special genos of archaic greek poetry - the big mythic-epic narrative in lyrical form« (Burkert, Am. P. 51).

συγγενῶν ταῖς γαμουμέναις παρθένοις παρὰ Λεσβίοις; vgl.
B. Snell, ἀθρήματα, Glotta 37 (1958) 283 - 285.
19. Vgl. oben zu Alkm. fr. PMG 19, S. 60 f.
20. Vgl. Bowra 102.

Sappho

Die Beschäftigung mit den Hochzeitsliedern Sapphos ist eine schöne Aufgabe; denn schon durch ihren Stoff sind diese Lieder anmutig und heiter, wie Demetrios[1] bemerkt: εἰσὶν δὲ αἱ μὲν ἐν τοῖς πράγμασι χάριτες, οἷον νυμφαῖοι κῆποι, ὑμέναιοι, ἔρωτες, ὅλη ἡ Σαπφοῦς ποίησις ... οὐδεὶς γὰρ ἂν ὑμέναιον ᾄδοι ὀργιζόμενος οὐδὲ τὸν Ἔρωτα Ἐριννὺν ποιήσειεν τῇ ἑρμηνείᾳ ἢ γίγαντα, οὐδὲ τὸ γελᾶν κλαίειν.
Viele seiner Sappho-Zitate entstammen den Hochzeitsliedern; »Für seine Vorstellung erschöpft sich in ihnen Sapphos ganze Poesie« (Fränkel, WuF 44). Trotz der zahlreichen Papyrusfunde sind die Reste aus den Hochzeitsliedern spärlich, aber doch genug, um ihre dichterische Kunst zu beweisen. »In Sapphos Epithalamien haben wir es vor Augen, wie volkstümliche Brauchtumsdichtung in all ihrer blumenhaft natürlichen Frische von einer großen Dichterin aufgenommen und im Bereich ihrer Kunst zu Gebilden gestaltet wird, die vollendete Form gewinnen, ohne den Reiz des volkhaft Gewachsenen zu verlieren« (Lesky 164).
Einige Jahrzehnte vor Lesky hatte Usener genauso begeistert von den Hochzeitsliedern Sapphos geschrieben: »Keine Gruppe der verlorenen Dichtungen vermissen wir so schmerzlich wie ihre Hochzeitslieder. Fast jedes Bruchstück, das uns vorliegt, und noch die Nachbildung des Catullus zeigen uns, in wie wunderbarer Weise darin die feinste und tiefste weibliche Herzensempfindung die überlieferten Formen und Vorstellungen zu adeln vermocht

---

1. Eloc. 132.

hatte. Ihr hoher Reiz lag in der sinnigen Verwertung der alten volkstümlichen Bestandteile des Hochzeitsbrauchs« (Usener 308 f.). Ein Jahr darauf äußerte Wilamowitz seine Freude darüber, daß neue Papyrusfunde Hochzeitslieder der Sappho ans Licht brachten: »Endlich Hochzeitslieder, die man nicht vergeblich erwartet« (Wilamowitz NLL 228 = Kl.Schr. I 389). Indessen sind sich die Gelehrten über den Wert dieser Lieder nicht einig. Page z.B. meint, »it looks as though the book of the Epithalamiams formed a small and comparatively insignificant appendix to the Alexandrian collection« (Page SaA 125) und daß sie »for the most part trivial in subject and style« seien (126). Ähnlich lautet das Urteil Kirkwoods, der die Epithalamien als »not very distinguished poetry« (Kirkwood 139) bezeichnet.

Sind in der Antike die Äußerungen über die Person der Dichterin widersprüchlich, so stimmen die meisten Urteile über ihr Werk überein: sie ist »die Dichterin«; sie ist als Dichterin unübertrefflich.[2]

Die Hochzeitslieder[3] umfaßten in der alexandrinischen

2. Vgl. Galen (quod animi mores corporis temperamenta sequuntur, scr. min. II p. 35, 13 Müller): πάντες γὰρ ἀκούομεν Ὅμηρον (μὲν) λέγεσθαι ποιητήν, Σαπφὼ δὲ ποιήτριαν.

3. Strabon 13, 2, 3 = test. 264 V. Dioskurides (epigr. 18 Gow-Page) verbindet ihren Namen sowohl mit den Hochzeitsliedern als auch mit dem Threnos:

Ἥδιστον φιλέουσι νέοις προσανάκλιμ' ἐρώτων

Σαπφώ, σὺν Μούσαις ἦ ῥά σε Πιερίη

ἢ Ἑλικὼν εὔκισσος ἴσα πνείουσαν ἐκείναις

κοσμεῖ τὴν Ἐρέσῳ Μοῦσαν ἐν Αἰολίδι,

ἢ καὶ Ὑμὴν Ὑμέναιος ἔχων εὐφεγγέα πεύκην

σὺν σοὶ νυμφιδίων ἵσταθ' ὑπὲρ θαλάμων,

Sapphoausgabe ein ganzes Buch; es ist bezeugt bei Servius zu Verg. Georg. 1, 31: Sappho ... in libro qui inscribitur ἐπιθαλάμια, und bei Ps.-Dionysios von Halikarnass (ars rhet. 4, 1, II p. 270, 4 Usener-Rademacher): τινὰ μὲν οὖν καὶ παρὰ Σαπφοῖ τῆς ἰδέας ταύτης παραδείγματα, ἐπιθαλάμιοι οὕτως ἐπιγραφόμεναι ᾠδαί. Die Alexandriner teilten die Gedichte Sapphos in neun Bücher, wie Tullius Laurea[4] berichtet; und zwar nicht nach Sachgruppen, sondern nach dem Versmaß. Die ersten acht Bücher sind mit Nummern versehen; nach den uns vorliegenden Belegen ist anzunehmen, daß jedes Buch Lieder in jeweils gleichem Versmaß enthielt.[5] Dem Buch der Epithalamien scheint ein an-

ἤ Κινύρεω νέον ἔρνος ὀδυρομένῃ ᾿Αφροδίτῃ
σύνθρηνος μακάρων ἱερὸν ἄλσος ὁρῇς.
πάντῃ, πότνια, χαῖρε θεοῖς ἴσα, σὰς γὰρ ἀοιδάς
ἀθανάτας ἔχομεν νῦν ἔτι θυγατέρας.

4. AP VII 17, 6-7; vgl. Sud. σ 107 = test. 235 V. Σαπφώ ... ἔγραψε δὲ μελῶν λυρικῶν βιβλία θ'. Über die Bucheinteilung der Sapphoausgabe s. Wilmowitz, TG 71 ff.; Page SaA 112–116.

5. Das erste Buch bestand aus Gedichten in dem Sapphischen Maß, Schol. metr. Pi. P.1 = test. 226 V. τὸ γ' ἑνδεκασύλλαβον Σαπφικόν, ᾧ τὸ πρῶτον ὅλον Σαπφοῦς γεγραμμένον; das zweite aus äolischen daktylischen Pentametern, Heph. 7, 7 p. 23, 14 ff. C. = test. 227 V. τῶν δὲ ἀκαταλήκτων (δακτυλικῶν) τὸ μὲν πεντάμετρον καλεῖται Σαπφικὸν τεσσαρεσκαιδεκασύλλαβον, ᾧ τὸ δεύτερον ὅλον Σαπφοῦς γέγραπται. Das dritte Buch besteht aus großen Asklepiadeen, Heph. 10, 6 p. 34 C. = test. 229 V. τὸ δὲ ἀκατάληκτον (ἀντισπαστικὸν τετράμετρον) καλεῖται Σαπφικὸν ἑκκαιδεκασύλλαβον, ᾧ τὸ τρίτον ὅλον Σαπφοῦς γέγραπται. Das vierte enthielt Tetrameter mit trochä-

deres Einteilungsprinzip zugrunde zu liegen. Entscheidend ist hier das uneinheitliche Versmaß. Die Lieder des Buches der Epithalamien sind in gemischten Versmaßen gedichtet. Ein Beweis dafür, daß man sie deswegen in einem Buch zusammengestellt hat, ist die Tatsache, daß Hochzeitslieder, die im Versmaß eines der übrigen Bücher abgefaßt sind, jeweils in das entsprechende Buch aufgenommen wurden.[6]
Wir finden zum ersten Mal etwas über die Epithalamien von Sappho im P. Oxy. 2294= fr. 103 V.

].εν τὸ γὰρ ἔννεπε[.]η προβ[
].ατε τὰν εὔποδα νύμφαν [
]τα παῖδα Κρονίδα τὰν ἰόκ[ολπ]ον [
].ο ὄργαν θεμένα τὰν ἰόκ[ολ]πος α[

ischem Schluß (Treu, Sappho 202), vgl.jedoch Page »the evidence for Book IV is not quite so satisfactory« (SaA 114). Über das fünfte Buch ist auch einiges bekannt; es umfaßte Gedichte aus Glykoneen und Asklepiadeen, Bass. gramm. 6, 258, 15 f. K. = test. 230 V. »(hendecasyllabus phalaecius) apud Sappho frequens est, cuius in quinto libro complures huius generis et continuati et dispersi leguntur«; vgl. auch Fort. gramm. 6, 295, 21 K. = test. 231 V.; Pollux (VII 73) exzerpiert daraus einen Vers (= fr. 100 V.). Vom sechsten Buch wissen wir bisher nichts. Aus dem siebten liegt ein Zitat bei Heph. 10, 5 p. 34 C. (= test. 232 V.) vor (= fr. 102 V.). Das achte Buch ist von Phot. Bibl. 161 p. 103 a, 19 ff. Bekk. = test. 233 V. erwähnt, doch wissen wir nichts Weiteres darüber. Wilamowitz (TG 73) stellt die Hypothese auf, daß die Epithalamien im achten Buch enthalten waren, vgl. dazu Page (SaA 113 f.).
6. Z.B. fr. 27 V. und fr. 30 V., ebenfalls fr. 44 V.

5   ].. ἄγναι Χάριτες Πιέριδέ[σ τε] Μοῖ[σαι

].[. ὄ]π̣π̣οτ' ἀοιδαι φρέ̣ν[...]αν.[

]σ̣αιοισα λιγύραν [ἀοί]δαν

γά]μβρον, ἄσαροι γὰρ ὐμαλι̣κ[

]σε φόβαισι(ν) θεμέν̣α λύρα.[

10   ].. η χρυσοπέδι̣λ[ο]ς Αὔως [

Diesen zehn Versen, die anscheinend nicht zusammenhängen, ist eine bibliographische Angabe vorangestellt:

]. ω̣[

]σ̣α̣ν ἐν τῶι .[

].δὲ (δέκα) κ(αὶ) ἐκάστης ὁ (πρῶτος)[

Nach dem zehnten Vers folgt eine weitere Angabe:

]˙ στίχ(οι) ρ̄λ̄ []

] μετὰ τὴν πρώτην [

]φέρονται ἐπιγεγρα[

ἐπιθα]λάμῑᾱ

]. υβλίου καὶ βέλτιο̣[ν

]

]ροπ ....[..]. ε.[

Lobel hat als erster das Fragment veröffentlicht[7] und es Sappho zugewiesen, indem er sich auf das Wort »Epithalamia« beruft. Die vorangestellte bibliographische Angabe deutet auf das folgende hin. Wahrscheinlich handelt es sich um ein Register von Anfangsversen. Mit ἐκάστης ist die Ode gemeint. Πρῶτος deutet auf den ersten Vers[8]

____

7. **The Oxyrhynchus Papyri XXI, London 1951.**

8. **Page nimmt an, daß alle 9 Verse, die dem ersten fol-**

jeder Ode hin; man kann die Anfangsangabe folgendermaßen verstehen:

Zehn [Oden] und von jeder der erste [Vers].
Danach bereitet die lückenhafte Überlieferung Schwierigkeiten, besonders die Zahl 130 und die Bezeichnung »Epithalamia«. Worauf beziehen sich diese 130 Verse, und in
welchem Zusammenhang soll man das Wort »Epithalamia«
verstehen? Page[9] nimmt an, daß vor στίχοι die Zahl $\overline{H}$
stand; in diesem Fall, meint er, müßte es sich um das
achte Buch der Sapphoausgabe handeln. Die Alternative
wäre I, und dies sollte man auf die Zahl der Oden in dem
Buch beziehen. Die Gesamtzahl der Verse der Oden, aus
denen die Anfangsverse stammen, ist 130. Wenn man
bedenkt, daß allein das erste Buch 1320 Verse umfaßt,
wird man Page kaum zustimmen können, der diese 130
Verse dem achten Buch zuweist. Daß hieße, daß jedes
Gedicht aus weniger als zehn Versen bestehen würde. Zu
der Frage, ob mindestens 9 Verse aus dem Buch der
»Epithalamien« stammen, liefert Page zwei Argumente: a.
Das Wort »Epithalamia« könne sich nicht auf das Vorangehende beziehen, weil seine Stellung in der Mitte der
Kolumne auf einen neuen Paragraphen hindeute. b. Dies
werde auch durch die zwei horizontalen Striche, die über

gen, dieselbe Versform haben; auf dieser Hypothese (s.
das metrische Schema bei Voigt zu Fragment 103)
basierend, kommt er zu dem zweifelhaften Ergebnis,
daß »the book registered here (which we are supposing
to be the eighth) contained only one tenth of the num-
ber of lines attested for the first book of Sappho
(1320), the average length of each poem being less than
14 lines« a. O. 119.

9. Page a. O. 117.

und unter dem Wortende stehen, nahegelegt.
Treu meinte die Schwierigkeit mindern zu können, indem
er folgende Hypothese aufstellte: »Man darf mit Sicherheit behaupten: die stichometrische Angabe nannte nicht
die Verszahl des Epithalamienbuches, sondern die von 9
Epithalamien plus einem zehnten Liede ... Es sind also
streng genommen gar nicht bibliographische Angaben, von
der Erwähnung des Buchtitels »Epithalamien« abgesehen.
Da nun die Liedanfänge vielleicht als Ordnungsprinzip den
Verlauf eines Hochzeitsfestes anzunehmen gestatten,
jedenfalls ein »Morgenlied« als allerletztes genannt ist, so
vermute ich: es ist eine Liederauswahl zusammengestellt,
die für die Feier eines Hochzeitsfestes geeignet sein
könnte«.(Treu 168).
Zum Abschluß Parsons' Meinung darüber:
Die Stellung des Wortes in der Mitte der Kolumne »prov-
es nothing in itself; the word could perfectly well be the
end of a sentence (with a new paragraph beginning in the
next line), as Lobel seems to have assumed«. Was Pages
Argument über die Striche anbetrifft, so meint Parsons
»that is a good argument: one expects to find such deco-
rations on isolated titles, not attached to normal senten-
ces. If then one excludes the possibility that the word
was both isolated and grammatically dependent on the
sentence before (as an art English book might print
»...transmitted with the title EPITHALAMIA«), which
seems unlikely, the question is simply whether such an
isolated title would refer backwards or forwards. In a full
text of the poet, one would normally expect the title at
the end of the book it refers to (as in P. Oxy. 1231, pic-
tured in Turner, GMAW pl. 17). But it isn't universal; and
the practice might be different in a list of contents like
this (thus in the Vienna »Pinakes« papyrus the heading for
each book precedes the incipits which belong to it). As to
scribal or scholarly habit, then, one might argue either

way (especially since there is no systematic collection of evidence). I should have thought »Epithalamia« less likely to refer backwards, because in normal colophons the total of stichoi follows the title, whereas here it would precede (line 14). But this too is dangerous, since we don't know what was said in 15 f.; I don't see how to exclude the possibility that they introduced »Epithalamia« as an alternative title for most of the preceding poems, and the scribe therefore set out the word decorated in mid line« (Parsons brieflich). Trotz seiner Vorbehalte neigt Parsons zu der Annahme, daß diese Verse aus Epithalamien stammen. Ausgehend von dieser letzten Bemerkung Parsons' ist es angebracht, die Verse selbst zu prüfen und, soweit es geht, sie in Zusammenhang mit den bekannten Epithalamien Sapphos zu interpretieren.

V.1 stammt aus einer Ode, die sich in irgendeiner Weise von den übrigen neun unterscheidet; das kann man zunächst aus dem erhaltenen Satz μετὰ τὴν πρώτην (15), φέρονται ἐπιγεγρα [(16) erschließen. Ob die übrigen Verse aus den schönsten Oden[10] oder aus dem gleichen Buch[11] bzw. aus einer Odenauswahl[12], die für eine Hochzeitsfeier gedacht war, stammen, ist nicht leicht ersichtlich. Sicher ist, daß V. 1 daktylisch ist. Möglicherweise deutet das Wort ἐννεπε[.] auf eine Ode erzählerischen Charakters hin. Wie immer man auch das Wort ergänzt - ἐννεπε [μ]ή oder ἐννεπε[τ]ή (Gallavotti) oder ἐννεπε [δ]ή (Treu) - es bedeutet »berichten« oder »erzählen«, wie auch schon bei Homer[13] ; für »sagen« benützt Sappho εἴπην, vgl. z.B. fr.

10. Vgl. Gallavotti 165.

11. Vgl. Lobel a. O. 23; Page a. O. 117.

12. Treu 167.

13. S. Risch, Hom.2.

137,1 f. V. θέλω τί τ' εἴπην, ἀλλά με κωλύειl αἴδως; außerdem kann man es aus zwei weiteren Fragmenten entnehmen, in denen ἐννέπειν vorkommt:

fr. 15, 10-12 V.   μη]δὲ καυχάσ[α]ιτο τόδ' ἐννέ[ποισα
            Δ]ωρίχα τὸ δεύ[τ]ερον ὡς ποθε[
            ] ερον ἦλθε.

Τόδ' (10) wird durch den darauffolgenden Satz mit ὡς (11 f.) näher bestimmt. Man könnte meinen, daß τὸ γάρ (103, 1 V.) dem τόδ' (15, 10 V.) entspräche[14]. Jedoch ist die Verbindung der Partikel mit dem Artikel nicht belegt. Wenn man annimmt, daß in diesem Fall τὸ mit γάρ eine Einheit bildet[15], dann könnte man sie auf etwas darauf Folgendes beziehen, ähnlich wie bei τόδ' (fr. 15, 10 V.).
Fr. 18 V. ist für unseren Zusammenhang auch von Bedeutung: Wilamowitz und im Anschluß an ihn Schadewaldt und Treu glauben, daß es aus einem Epithalamion stammt.[16]

Fr. 18 V.   (Π)άν κεδ[
            (ε)ννέπην[
            γλῶσσα μ[
              μυθολογῃ[
              ___

              κἄνδρι .[
              μεσδον[

14. Über das bloße Neutrum des Demonstrativ-Pronomens ὄδε bei Sappho s. Führer 13 mit Anm. 31. vgl. Sa. fr. 94, 3 V.
15. Über die Verbindung von γάρ mit dem Artikel s.Denniston S. 95, XI (2).
16. Vgl. Wilamowitz NLL 228 (= Kleine Schr. I, 393); Schadewaldt 100.

Eisenberger bestreitet die Ansicht von Wilamowitz und fügt hinzu: »Die einzelnen Worte des Fragments erinnern vielmehr stark an die Einleitung des Schiffskatalogs in der Ilias (cf. bes. B 488 ff.). Sie scheint mir gerade den Ansatz zu einer Erzählung zu enthalten«.[17]

Es gibt zwei weitere Stellen, die sowohl für fr. 18 V. als auch überhaupt für die Bedeutung von ἐννέπειν = »erzählen«, »melden« wichtig sind:

Il. Θ 412 (Ἶρις) ἀντομένη κατέρυκε, Διὸς δέ σφ'ἔννεπε μῦθον.

Λ 643 μύθοισιν τέρποντο πρὸς ἀλλήλους ἐνέποντες.

Der Musenanruf am Anfang der Odyssee darf dazu gestellt werden.[18] Vielleicht gehört der erste Vers von fr. 103 V. einer mythischen Hochzeitserzählung an. Für die Annahme, er stamme aus dem zweiten Buch, spricht auch, daß das letzte Lied dieses Buches, fr. 44 V., von der Heimführung Andromaches, der Braut Hektors, erzählt. Abschließend kann man sagen, daß V. 1 sich von den darauf folgenden Versen unterscheidet, mit ihnen jedoch in irgendeiner Weise zusammenhängen muß, sonst wäre er ihnen nicht vorangestellt; ob die Ode, aus der er stammt, als Einleitung diente?

V.2 αει]ρατε als Aufforderung zum Singen »is a natural guess« (Lobel 25, 5); νύμφη bedeutet bei Homer die Nymphe, aber auch die Braut, wie man aus der Ilias Σ 492 f. entnehmen kann:

νύμφας δ' ἐκ θαλάμων δαΐδων ὕπο λαμπομενάων
ἠγίνεον ἀνὰ ἄστυ, πολὺς δ' ὑμέναιος ὀρώρει.

17. Eisenberger 117.
18. S. Risch, Hom.2. Vgl. West, Homer 114 f.

Bei Sappho scheint νύμφα ausschließlich die Braut zu bedeuten[19], bei Alkaios[20] nur die Nymphe. Das Wort kommt bei Sappho noch viermal vor; drei von den vier Fragmenten stammen sicher aus Epithalamien:

fr. 116 V. χαῖρε, νύμφα, χαῖρε, τίμιε γάμβρε, πόλλα.

fr. 117 V. + χαίροις ἀ νύμφα + , χαιρέτω δ' ὀ γάμβρος.

fr. 30, 4f. V. σὰν ἀείδοισ[ι]ν φ[ιλότατα καὶ νύμ-
        φας ἰοκόλπω.

Εὔπως ist eine Wortbildung von Sappho, die dem homerischen Adjektiv καλλίσφυρος[21] zu entsprechen scheint, das auch als Attribut der Braut belegt ist. Das Bild der schönfüßigen Braut ist uns aus der Ilias I 558-560 bekannt:

    Ἴδεώ ϑ', ὃς κάρτιστος ἐπιχϑονίων γένετ' ἀνδρῶν
    τῶν τότε - καί ῥα ἄνακτος ἐναντίον εἵλετο τόξον
    Φοίβου Ἀπόλλωνος καλλισφύρου εἵνεκα νύμφης.

Marpessa, die Frau des Idas, wurde ihm schon als Braut von Apollon geraubt. Vgl. ἐύσφυρος, Hes. Theog. 254. 961. Ἐύ bezieht sich nur auf die Schönheit der Füße, ähnlich wie das bei Homer für Männer geläufige ἐυκνῆμις, »mit schönen Beinschienen«. Für die Schnelligkeit gebraucht Sappho das Adjektiv ὦκυς[22]. Noch einmal als Beiwort der

19. Zu der gleichen Annahme neigt auch Lobel (a.O.):»prima facie 'the bride' for whose wedding the poem was composed«.

20. Alk. fr. 44, 7 V. von Thetis; fr. 343 V. von den Nymphen.

21. Καλλίσφυρος wird bei Homer und Hesiod vorwiegend von Göttinnen bzw. von schönen Frauen gebraucht.

22 Sappho scheint die einzige zu sein, die εὔπως in der

Braut kommt εὔπως in fr. 103 B V. vor:

]ρηον θαλάμω τ̣ωδες̣[

]ις εὔποδα νύμφαν ἀβ[

]. νυνδ[

]ν μοι·[

]ας γε̣.[

Die Möglichkeit einer Beziehung zwischen fr. 103 V. und fr. 103 B V. hat schon Lobel angedeutet, allerdings ohne fr. 103 B V. Sappho zuzuschreiben. Wahrscheinlich stammen beide Fragmente aus Hochzeitsliedern. Νύμφα und θαλάμω (fr. 103 B V.) entsprechen den homerischen νύμφας ... θαλάμων, die in der schon angeführten Iliasstelle wohl in der Bedeutung »Braut«, »Brautgemach« in Zusammenhang mit einer Hochzeitsbeschreibung erwähnt sind.

V.3 ο]τ̣α (Lobel) weist vielleicht auf die Konjunktion ὄτα am Anfang des Liedes, ähnlich wie z.B. bei fr. 149 V., das aus einem Epithalamion stammen soll. Mit παῖδα Κρονίδα ist vielleicht Hebe gemeint, vgl. dazu Od. λ 603f. ...῾Ήβην,Ι παῖδα Διός. Lobel (a.O. 25) bemerkt: »παῖδα Κρονίδα suggests τὰν ἰόκολπον ῎Αβαν«. Der bestimmte Artikel τὰν vor dem Namen einer Göttin ist bei Sappho üblich.

Das oft diskutierte Adjektiv ἰόκολπος, eine Neubildung Sapphos, die nur bei ihr vorkommt, wurde verschieden ausgelegt; darin jedoch stimmen die meisten Deutungen überein, daß es auf die weibliche Schönheit bezogen ist.

Bedeutung »schönfüßig« gebraucht; sonst heißt es »leichtfüßig, schnellfüßig«; vgl. Kallimachos fr. 302, 2 Pf.; ebenda fr. 228, 63 Pf., bei dem δύσπους in der Bedeutung »χαλαίπους« vorkommt, vgl. dazu Pfeiffers Bemerkung zu fr. 228, 63

Bei Homer deuten die Adjektive, die mit ἰο- zusammengesetzt sind, z.B. ἰοδνεφής, ἰοειδής, ἰόεις, auf die schwarze Farbe hin; daraus schließt Hehn, daß ἴον »jede oder irgend eine dunkelblühende Blume, duftend oder nicht, bedeutet«.[23] Waern meint, daß »Sappho on the other hand certainly refers to a light-coloured violet, judging from her use of the adjective ἰόκολπος about the νύμφα ... 'with violet coloured bosom'. It is reasonable to think of Viola Lesbiaca, which is very common on Lesbos ... this violet ... has creamy-white to yellow flowers. This colour is undoubtedly more appropriate to the bosom of the bride than the dark blue-violet Viola odorata«.[24]

Dürbeck kommt dem Sinne des Wortes näher. Bei den Zusammensetzungen mit ἰο- ist nicht immer (wir würden sagen »nur«) eine Farbe gemeint; am Veilchen sind Duft und Zartheit ebenso auffallende Merkmale. [25]

Den ganzen Blumenbereich bei Sappho umfaßt Lilja mit ihrer Bemerkung: »Actually all flowers mentioned by Sappho are remarkable for their fragrance«.[26] Zu allen diesen Bemerkungen könnte man noch hinzufügen, daß in Griechenland heute noch wilde Veilchen wachsen, die weiß, zart und feinduftend sind.

Als Attribut der Braut kommt ἰόκολπος noch einmal in dem schon angeführten fr. 30 V. vor. Außer mit den traditionellen Epitheta κάλα und χαρίεσσα scheint Sappho die Braut mit besonderen Attributen, die auf bestimmte Körperteile bezogen sind, zu schmücken; für Eos und die Chariten gebraucht sie ein zusammengesetztes Epitheton,

23. Hehn 257.
24. Waern 5.
25. Dürbeck 137.
26. Lilja 176.

das aus einer Blume und einem Körperteil besteht; sie heißen βροδοπάχεες. Obwohl das Wort formelhaft ist - bei Hesiod (Theog. 246, 251) heißen die Nereiden rosenarmig - deutet es, ähnlich wie ἰόκολπος, auf die Farbe, den Duft und die Zartheit der Haut hin. Der »veilchenduftende« Busen mag auch eine Anspielung auf die alte Gepflogenheit sein, den weiblichen Reiz mit Wohlgerüchen zu erhöhen; auch die weiße Farbe ist ein Zeichen des schönen Busens.[27]

Wie aus unserer Interpretation von ἰόκολπος zu entnehmen ist, haben wir den zweiten Teil des Wortes als »Busen« verstanden; jedoch bedeutet κόλπος sowohl den Busen als auch den Gewandbausch; man kann, je nach dem Zusammenhang, entsprechend übersetzen. Daß κόλπος bei Sappho den Busen bedeutet, zeigt nicht nur ihre Vorliebe, einzelne Körperteile mit einem Epitheton ornans zusammenzustellen oder solche Epitheta aus der Überlieferung zu übernehmen, sondern auch zwei Stellen, bei denen der »duftende Busen« vorkommt:

Il. Z 482 f.   ὣς εἰπὼν ἀλόχοιο φίλης ἐν χερσὶν ἔθηκε
παῖδ᾽ ἑόν· ἡ δ᾽ ἄρα μιν κηώδεϊ δέξατο κόλπῳ.

Andromache nahm ihren kleinen Sohn an ihren duftenden Busen und nicht an ihren duftenden Gewandbausch; heute noch parfümiert man hauptsächlich den Körper, und der Duft überträgt sich auf die Kleidung. In diesem Zusam-

---

27. S. darüber D.E.Gerber, The female breast in greek erotic literature, Arethusa 11 (1978) 201-209. Über die hellschimmernde Haut, die zur Vorstellung von weiblicher Schönheit gehört, s. Wickert-Micknat R 121 mit Anm. 735.

menhang vgl. auch Hom. Hy. Dem. 231 θυώδεϊ δέξατο κόλπῳ.

Wenn man mit Lobel annimmt, daß in V.3 ῎Αβαν zu verstehen ist, so hat Sappho ἰόκολπος für die schönste Göttin (Pindar nennt Hebe καλλίστη, und auch andere Dichter haben verschiedene schmückende Beiworte gefunden, um ihre Schönheit zu rühmen) und für die Braut gebildet. Die Braut scheint Prädikate zu erhalten, die sonst nur Gottheiten verliehen werden. Jedoch könnte man hier eine weitere Vermutung aufstellen, nämlich, daß hier Hebe selbst die Braut sei. In diesem Fall würde es um die Hochzeit des Herakles mit Hebe gehen.

V. 4 bietet auch ἰόκολπος, worauf αἰ folgt.

Treu schlägt ᾿Α[φρόδιτα vor; auch in fr. 21, 13 V. vermutet er, daß mit ἰόκολπος Aphrodite gemeint sei. Hier könnte man einwenden, daß bei Sappho die Beiworte für Aphrodite, die bisher überliefert sind, sich nicht auf die Schönheit der Göttin beziehen - sie heißt ποικιλόθρονος (fr. 1, 1 V.), δολόπλοκος (fr. 1, 2 V.), χρυσοστέφανος (fr. 33, 1 V.), πολύολβος (fr. 133,1 V.) - mit einer Ausnahme: in fr. 102, 2 V. wird sie βραδίνα genannt, ein Beiwort, das zwar nicht auf einen Körperteil, wohl aber auf die schöne Gestalt der Göttin hindeutet. Die schlanke Gestalt wird mit einem biegsamen Stengel verglichen. Dasselbe Wort ist von Sappho noch einmal gebraucht, fr. 115 V., das aus einem Epithalamion stammt

> Τίῳ σ᾿, ὦ φίλε γάμβρε, κάλως ἐικάσδω;
> ὄρπακι βραδίνῳ σε μάλιστ᾿ ἐικάσδω.

Sollte man vielleicht der Analogie βραδίνα ᾿Αφρόδιτα - βράδινος γάμβρος entsprechend die Analogie ἰόκολπος ᾿Αφρόδιτα bzw. ῎Αβα - ἰόκολπος νύμφα vermuten?

Es ist nicht klar, was mit ὄργαν gemeint ist und ob das Wort mit dem Partizip konstruiert wird - denn neben der

allgemeinen Bedeutung »Gestimmtheit« steht der besondere Wortsinn »Ärger, Zorn«[28]. Für die Bedeutung
»Zorn« sprechen jedoch zwei weitere Fragmente, fr. 158
V.,

(Σαπφὼ παραινεῖ)
σκιδναμένας ἐν στήθεσιν ὄργας
μαψυλάκαν γλῶσσαν πεφύλαχθαι

das von Plutarch, De cohib. ira 456 e, überliefert ist und
von Schadewaldt für einen aus einem Epithalamion stammenden Spruch gehalten wird.[29] Sollte Schadewaldts Vermutung stimmen, so ist das die einzige Parainese, die in
den Hochzeitsliedern der Sappho[30] erhalten ist.
In fr. 103, 4 hat Treu die Ergänzung ἐκ φρέν]ọς ὄργαν
θεμένα zur Erwägung gestellt, sich wahrscheinlich auf fr.
120 V. stützend

ἀλλά τις οὐκ ἔμμι παλιγκότων
ὄργαν, ἀλλ᾽ ἀβάκην τὰν φρέν᾽ ἔχω...

V. 5 ist bis auf zwei Wörter identisch mit fr. 128 V.

Δεῦτέ νυν ἄβραι Χάριτες καλλίκομοί τε Μοῖσαι.

Fr. 53 V. Βροδοπάχεες ἄγναι Χάριτες, δεῦτε Διὸς κόραι weist
ähnlichen Inhalt auf. Wahrscheinlich stammen alle drei
Fragmente aus Epithalamien; die Anrufung der Chariten
gehört zur Hochzeit, ja sie wird »in Hochzeitsliedern ihren
festen, schon traditionellen Platz gehabt haben. Zudem
zeigt sich auch hier, daß Sappho ähnlich lautende Verse

28. Vgl. Marg 13.
29. Vgl. Schadewaldt 54.
30. Vgl. Catull 61, 151 ff.

mehr als einmal gedichtet hat«.[31]
V. 6 und 7 handeln vom Lied selbst. Ähnlich wie ἀείδω
»singen« aber auch »ein Hochzeitslied singen« heißen kann
(vgl. fr. 30, 4 f.) wird vielleicht ἀοίδα »Lied« und »Hochzeitslied« bedeuten. Allerdings gebraucht Sappho dafür
auch das Wort μέλος, jedoch mit dem Beiwort ἄγνον: fr.
44, 25 f. V. πάρ[θενοι| ἄειδον μέλος ἄγγ[ον; vgl. Theokrit
18, 7 ἄειδον δ' ἄμα πᾶσαι ἐς ἒν μέλος. Möglicherweise unterscheidet Sappho zwischen »Lied« und »Hochzeitslied«,
indem sie das Epitheton ἄγνον beifügt, denn μέλος =
»Lied« kommt in fr. 71, 5-7 vor.

> μέλ [ος] τι γλύκερον.[
>]α μελλιχόφων[ος
>]δει, λίγυραι δ' ἄη[

Λίγυρος (7) wird sonst von Sappho für den Klang der Leier, fr. 58, 12 V. φιλάοιδον λιγύραν χελύνναν, für das Singen
der Zikade fr. 101 A 1 f. V. πτερύγων δ'ὔπα | κακχέει λιγύ-
ραν ἀοίδαν und für das Wehen der Brise, fr. 71, 7 V. gebraucht. An allen Stellen deutet das Wort auf etwas An-
genehmes hin. Λίγυρος und λιγύφωνος scheinen Lieblings-
wörter Sapphos zu sein.[32]
Treu, der die uns beschäftigenden Verse des fr. 103 V.
auf Epithalamien zurückführt, bemerkt, daß die Braut das
helle Lied hört, das vor der Hochzeitskammer erklingt.
Daß die Hochzeitslieder melodisch und erfreulich anzuhö-
ren gewesen sein müssen, eine λίγυρα ἀοίδα, ergibt sich
auch daraus, daß sie von Mädchen mit schönen, süßen
Stimmen[33] vorgetragen wurden, vgl. Aristainet. Ep. 1, 10

31. Treu 199 f.
32. Vgl. Harvey 220; dazu Fowler 40.
33. Über die schöne Stimme und ihre Würdigung s. Jax 45.

p. 142 H. καὶ πρὸ τῆς παστάδος τὸν ὑμέναιον ᾖδον αἱ μουσικώτεραι τῶν παρθένων καὶ μειλιχόφωνοι.

V. 8 stammt sicher aus einem Hochzeitslied. Γάμβρος gehört dem Sprachgebrauch Sapphos an[34]. Es kommt bei ihr neunmal vor, und zwar ausschließlich in den Hochzeitsliedern.

V. 9 weist keine sprachlichen Ähnlichkeiten mit den bekannten Epithalamien auf. Man könnte jedoch das Wort λύρα als ein Zeichen festlichen Anlasses auffassen.

Die Etymologie des Wortes λύρα[35] ist nicht klar. Sie wird als ein der Kithara ähnliches Instrument, ursprünglich mit vier, später mit sieben Saiten beschrieben. Die homerischen Epen kennen das Saiteninstrument unter dem Namen φόρμιγξ und κίθαρις; λύρα kommt bei Homer nicht vor, wohl aber bei Stesichoros[36] PMG 278, 2. Bei Sappho kommen auch die Wörter χέλυς und χελύννα vor, die beim ersten Blick mit λύρα synonym zu sein scheinen, so daß Sappho nur aus metrischen Gründen mit den drei Wörtern abwechseln würde.

34. Vgl. Contiades-Tsitsoni 6.

35. Die Annahme, das Wort λύρα komme zum ersten Mal in Hom. Hy. Herm. 423 vor (s. Chantraine, Frisk), setzt die Frühdatierung des Hermeshymnos voraus; jedoch ist die Frage der Datierung noch nicht gelöst, s.zuletzt Hübner, S. 115 mit Anm. 12. Im gleichen Hymnos sind auch die Wörter φόρμιγξ, κίθαρις und χέλυς belegt. Φόρμιγξ, κίθαρις und λύρα scheinen gleichbedeutend zu sein; χέλυς bedeutet sowohl die Schildkröte (24 f.,33) als auch das Instrument (153, 242). Ausschließlich das Tier bedeutet das Wort χελώνη (42, 48).

36. Über Lyra, Kitharis und Phorminx s. Huchzermeyer 6 f., West, Music 213; Neubecker 72.

86

Χέλυς in der Bedeutung »Leier« hängt mit der Herstellung des Instruments zusammen; als Schallkörper dient die Rückenschale der Schildkröte.

Sa fr. 118   ἄγι δὴ χέλυ δῖα †μοι λέγε†
               φωνάεσσα †δὲ γίνεο†

ist nicht nur für unseren Zusammenhang, sondern auch aus weiteren Gründen wichtig. Die Anrede an die Leier ist der einzige Beleg für eine Zwiesprache der Dichterin mit Dingen.
Man kann zwei Stellen heranziehen, bei denen die Leier ebenfalls personifiziert wird, Od. ρ 271 und Hom. Hy. Herm. 31. Es ist vielleicht das früheste Dichterzeugnis der Übertragung von φωνή auf den Ton eines Instruments.[37]
Der Wendung χέλυ... φωνάεσσα entspricht Stes. PMG 278, 2 φθεγγομένα λύρα; vgl. Hom. Hy. Herm. 484 und Soph. Ichn. fr. 314, 300 R. Der Überlieferungszustand des Fragments 118 V. erlaubt keine Vermutung in bezug auf seinen Inhalt; jedoch deutet die Bemerkung des Hermogenes, von dem das Fragment überliefert ist, auf einen Dialog zwi-

37. Richter 267, macht auf das μέλος φωνᾶεν des Archilochos, das von Pi. Ol. 9, 1 f. erwähnt ist, aufmerksam: »Diese Kennzeichnung der archilochischen Muse kann sich gewiß auf die Tatsache beziehen, daß der Parier als der erste große Vertreter des gesungenen und von einem Instrument begleiteten Liedes galt« (267, 268 mit Anm.1); φωνάεσσα deutet in diesem Fall auf das durch den Hermeshymnos und die Ichneutai des Sophokles bekannte Paradox, das mit der Erfindung der Lyra zusammenhängt: Soph. Ichn. fr. 314, 300 R. θανὼν γὰρ ἔσχε φωνήν, ζῶν δ' ἄναυδος ἦν ὁ θήρ. Hom. Hy. Herm. 38 ἢν δὲ θάνῃς τότε κεν μάλα καλὸν ἀείδοις.

schen der Dichterin und ihrer Leier hin: Hermog.Id. 2, 4 p. 334 (Rabe) ὅταν τὴν λύραν ἐρωτᾷ ἡ Σαπφὼ καὶ ὅταν αὐτὴ ἀποκρίνηται; aber ein derartiger Dialog würde zu einem Gedicht mit festlichem Anlaß nicht passen. Noch weniger kann man so etwas von Sa. fr. 58 V. behaupten, bei dem der Inhalt ersichtlich ist: die alternde und geschwächte Dichterin (13-15) findet vielleicht Trost beim Singen zur Leier, Sa. fr. 58, 12-14 V.

] φιλάοιδον λιγύραν χελύνναν
πά]ντα χρόα γῆρας ἤδη
λεῦκαί τ' ἐγένο]ντο τρίχες ἐκ μελαίναν

Auch der traurige Mythos der Eos und des Tithonos (19 ff.), der vielleicht als Paradigma diente, paßt nicht zu einem festlichen Lied, wenn auch das Fragment mit einem lebensbejahenden Bekenntnis schließt.
Bei Aischylos sind sowohl λύρα als auch χέλυς je einmal belegt. In inc. fab. fr. 314 R. εἴτ' οὖν σοφιστὴς +καλὰ+ παραπαίων χέλυν handelt es sich um die Kunst des Leierspielens . Hier ist das Wort σοφιστής wichtig, nicht die Leier. Wenn das Gewicht auf das Instrument fällt, dann gebraucht Aischylos das Wort λύρα: Ag. 990 τὸν ... ἄνευ λύρας θρῆνον Ἐρινύος. Gerade aus diesem Fragment kann man erschließen, daß die Lyra bei festlichen Anlässen gespielt wurde; das kommt deutlicher zum Ausdruck bei Soph. inc. fab. fr. 849 R. ἔναυλα κωκυτοῖσιν, οὐ λύρα, φίλα; die Lyra paßt nicht zur Totenklage, die vom Aulos begleitet wird. Bei Euripides kommt das Adjektiv ἄλυρος (Alk. 447; Phoen. 1028; Hel. 185) vor und drückt etwas Trauriges, Negatives aus; ἄλυρος »negatives the idea of joy, dance, felicity« (Dale zu Eur. Alk. 447). Ohne die λύρα ist das Lied nicht melodisch, nicht fröhlich, (Iph.Taur. 145 f.; vgl. Phoen. 1028 ἄλυρον ἀμφὶ μοῦσαν; dazu das Schol. ἄλυρον μοῦσαν τὸν θρῆνον, παρόσον πρὸς αὐλόν, οὐχὶ πρὸς

λύραν, ἤδοντο οἱ θρῆνοι). Euripides gebraucht das Wort λύρα, wenn er es mit einem musischen Gott bzw. mit einer mit der Musik verbundenen mythischen Gestalt zusammenbringt: Iph. Taur. 1128 f., Med. 424-26 mit Phoebus; Antiop. 90 f. mit Amphion; vgl. auch Soph. Thamyras fr. 238, 1 und fr. 241, 2 f. R.. Bei Stesichoros, Aischylos, Sophokles und Euripides ist λύρα der Inbegriff des Saiteninstruments.

Als festliches Lied kommt im Fall Sapphos nur das Epithalamion in Frage. Die Hochzeitslieder sind die einzigen, abgesehen von einem kleinen Fragment, das auf eine Totenklage hindeutet (fr. 140 V.), die rituell sind; sonst ist ihre Dichtung vom individuellen Charakter geprägt. Wie aus den angeführten Belegen ersichtlich wird, ist für die Totenklage der Aulos bestimmt. Daß der Threnos ἄλυρος ist, kommt sehr schön zum Ausdruck auf einer korinthischen Hydria, die eine Darstellung der Totenklage der Nereiden um den Leichnam Achills zeigt. Die Lyra wird nicht gespielt, sondern sie ist in den Vordergrund gerückt, um gerade zu zeigen »daß beim Threnos die Leier zu schweigen hat« (Wegner 34).

Daß die λύρα und nicht die χέλυς zu einem Epithalamion gehört, erhält eine zusätzliche Stütze aus folgenden Stellen:

Soph. OC 1221-23

> Ἄϊδος ὅτε μοῖρ' ἀνυμέναιος
> ἄλυρος ἄχορος ἀναπέφηνε,
> θάνατος ἐς τελευτάν.

Eur. Phoen. 822-24

> Ἁρμονίας δὲ ποτ' εἰς ὑμεναίους
> ἤλυθον οὐρανίδαι, φόρμιγγί τε τείχεα Θήβας
> τᾶς Ἀμφιονίας τε λύρας ὕπο πύργος ἀνέστα.

Die Gegenüberstellung von ἀνυμέναιος ... ἄλυρος ...

θάνατος und ὑμεναίους ... φόρμιγγι ... λύρας ist aufschluß-
reich.
Zu φόβαισι(ν) θεμένα vgl. fr. 81, 4 V. σὺ δὲ στεφάνοις, ὦ
Δίκα, πέρθεσθ' ἐράτοις φόβαισιν.

Mit θεμένα könnte ein Mädchen aus dem Hochzeitschor
gemeint sein. Blumenkränze fanden Verwendung im Verlauf einer Hochzeit; sie wurden z.B. auch von den Teil-
nehmern getragen.
V. 10. Αὔως gehört wie Ἕσπερος in die Tradition der
Hochzeitslieder[38]. Daß ein Morgenlied zu den Begeben-
heiten eines Hochzeitsfests gut paßt, zeigt fr. 30 V.; vgl.
auch Theokr. 18, 26. Eos wird noch einmal in fr. 123 V.
χρυσοπέδιλος genannt. Sappho unterscheidet zwischen der
Morgenröte Αὔως, die »mit goldenen Sandalen« anbricht,
und der Göttin Αὔως, der Gattin des Tithonos (fr. 58, 19
V.), der sie das Attribut βροδόπαχυς[39] verleiht, das auf
die weibliche Schönheit der Göttin bezogen wird; auch die
Chariten, als Töchter des Zeus, heißen βροδοπάχεες (fr.
53 V.).
Zusammenfassend läßt sich sagen, daß die Bezeichnung
»Epithalamia« auf das Vorangehende bezogen sein wird;
aufgrund der sprachlichen Untersuchung kann man feststellen, daß V.2 und 8 sicher aus Epithalamien stammen;
mit großer Wahrscheinlichkeit wird man auch Vers 5 und
10 dazu rechnen, 3,4,6,7,9 lassen sich jedenfalls gut in
Epithalamien denken. Kein Vers von fr. 103 V. scheint aus
den uns bekannten Epithalamienfragmenten zu stammen,
wenn sie auch sprachliche und metrische Ähnlichkeiten mit
ihnen aufweisen. Ein noch größeres Gewicht bei der Frage
der Zugehörigkeit fällt jedoch auf das Versmaß. Voigt hat

38. Sa. fr. 104 a V.
39. Vgl. Heitsch 392.

das Versmaß rekonstruiert, ohne daraus Rückschlüsse auf die Gattung dieser Verse zu ziehen. Es ist beachtenswert, daß V. 2 und 8, die ihrem Inhalt nach mit Sicherheit aus Epithalamien stammen, aus erweiterten Glykoneen bestehen. Vers 3,4,5,7 und 10 bestehen aus Choriamben und Bakcheen. Glykoneen als volkstümliches Versmaß sind geläufig in den Hymenäen, und ihre Nachklänge finden sich nicht nur bei Aristophanes, sondern auch später, z.B. bei Catull (61) in dem Hochzeitslied für Manlius Torquatus und Vinia Aurunculeia. Glykoneen (in erweiterter Form) und Choriamben sind die typischen äolischen Versmaße für Hochzeitslieder. Es ist von Bedeutung, daß außer fr. 103, 3, 4,5,7,10 V. aus allen uns erhaltenen Sapphofragmenten nur noch fr. 114,1 V. und 128 V., die aus Epithalamien stammen, aus derselben Verbindung von Choriamben und Bakcheen bestehen.

Wenn man annimmt, daß fr. 103 V. (außer dem ersten Vers) eine Epithalamienauswahl für ein Hochzeitsfest ist, bedeutet das nicht, daß alle darin enthaltenen Verse unbedingt aus dem 9. Buch stammen müssen. Der Titel »Epithalamia« bezieht sich lediglich auf die neun Epithalamien, deren Anfangsverse zitiert werden; so ist auch die für ein ganzes Buch geringe Zahl von 130 Versen erklärlich, wenn sie nur auf diese Oden bezogen wird. Daß »in allen Büchern Sapphos Gedichte auf Bräute zahlreich sind« (Wilamowitz TG 72), haben wir erwähnt. Wenn man einige davon in einem der übrigen acht Bücher der alexandrinischen Ausgabe je nach ihrem Versmaß eingeordnet hat, darf man sie trotzdem aufgrund ihres Inhalts Epithalamia nennen, ohne damit das Buch der Epithalamien zu meinen. Z.B. könnten die Verse 2, 8 und 9 aus dem dritten Buch stammen, das Lieder in dem gleichen Versmaß enthielt, der erste Vers könnte aus dem zweiten Buch stammen. Schwierig wird es bei den Versen 3,4,5,7,10, die allerdings dasselbe metrische Schema (3 cho + ba) mit zwei bekannten Epithalamien aufweisen, wie bereits erwähnt; damit hätten wir sieben Oden mit einheitlichem Versmaß, doch ist bisher von keinem Buch Sapphos der Gebrauch dieses Versmaßes überliefert. Vom sechsten Buch wissen wir überhaupt nichts, und vom achten fehlt jede Angabe über das Versmaß der Oden, die es enthielt; also ist es nicht ausgeschlossen, daß eines von diesen beiden Büchern in dem gleichen Versmaß wie fr. 103, 3,4,5,7,10 V. und fr. 114,1 V., fr. 128 V. verfaßt war. Solange man aber über das Versmaß dieser Bücher nichts weiß, bleibt die Möglichkeit bestehen, daß die Lieder, aus denen die Verse 3,4,5,7,10 stammen, auch in dem Buch der Epithalamien (9) enthalten waren. Jedenfalls ist es ausgeschlossen, daß das ganze Fragment 103 V. nur aus einem Buch stammt. Aller Wahrscheinlichkeit nach und aufgrund sowohl der Sprache als auch des Metrums handelt es sich um eine Auswahl von Anfangsversen aus Epithalamien.

Sollte diese Auswahl aus einem und demselben Buch (abgesehen vom neunten) stammen, so müßte es aus Liedern mit einheitlichem Vermaß bestanden haben, wenn man sich an die allgemein herrschende Meinung hält, daß jedes Buch in der alexandrinischen Sapphoausgabe ausschließlich aus Liedern bestand, die im gleichen Versmaß verfaßt waren. Ausdrücklich ist es uns überliefert für Buch eins, zwei, drei und fünf.

Zwei Fragmente erlauben uns die Annahme, daß Sappho auch Chorlyrik verfaßte: fr. 110 V. und 111 V.; bei beiden kann man auch den Zeitpunkt ihres Vortrages vermuten; ersteres stammt aus einem »Epithalamion« (im engeren Sinne der Wortes), letzteres aus einem Lied, das vor dem Haus des Bräutigams[40] zum Schluß der Brautführung vorgetragen wurde. Fr. 110 V.

---

40 . Vgl. Gerber 178.

Θυρώρῳ πόδες ἑπτορόγυιοι,
τὰ δὲ σάμβαλα πεμπεβόεια,
πίσσυγγοι δὲ δέκ' ἐξεπόνησαν

Hesych ϑ 957 erklärt, wer der »Türhüter«[41] ist: ϑυρωρός· ὁ παράνυμφος, ὁ τὴν ϑύραν τοῦ ϑαλάμου κλείων.
Pollux III 42 gibt auch die Situation an: ϑυρωρός, ὅς ταῖς ϑύραις ἐφεστηκὼς εἴργει τὰς γυναῖκας τῇ νύμφῃ βοώσῃ βοηϑεῖν.
Von Demetrios eloc. 167 erfahren wir, daß solche Lieder eher für Rezitation als für Gesang geeignet sind, und zwar für Wechselrezitation (διαλέγεσϑαι). Page meint »this is certainly part of a song recited at a real wedding ceremony« (SaA 120).
Diese drei Verse sind die einzigen, die wir aus einem Necklied Sapphos[42] haben. Der Spott und die Hyperbole gehören der Tradition des volkstümlichen Hochzeitsliedes an, vielleicht auch das Bild des als Riesen geschilderten Türhüters, der uns an eine Märchenfigur erinnert; doch die Sprachmittel, die sie verwendet, um diesen »schwerfälligen Humor« (Page a. O.) auszudrücken, sind keineswegs einfach und volkstümlich[43]. Sappho übernimmt Elemente aus der epischen Diktion und verwendet sie in geistreicher Weise, um ihren eigenen poetischen Zwecken zu dienen; aus ἐννεόργυιοι (Od. λ 312), und ἑπταβόειος (Il. H 220) bildet sie die ἅπαξ λεγόμενα ἑπτορόγυιοι und πεμπεβόηα; sie sorgt auch für die Stellung dieser Komposita am Versschluß, vielleicht nicht nur aus metrischen,

41. Über den »Türhüter« in der bildenden Kunst s. Simon 133 mit Anm. 78.
42. Vgl. Page SaA S. 120 mit Anm.3.
43. P. Murgatroyd, Sappho 110 a LP. CQ 37 (1987) 224.

sondern auch aus stilistischen Gründen.[44] Dasselbe gilt für das ἐκ-Verbalkompositum ἐξεπόνησαν.[45]

Der Refrain ὑμήναον und das Motiv von der Epiphanie[46] - obwohl es hier »ins Scherzhafte gewendet« ist (Merkelbach 8) - deuten auf den kultischen Charakter von fr. 111 V. hin:

> Ἴψοι δὴ τὸ μέλαθρον,
> ὑμήναον,
> ἀέρρετε, τέκτονες ἄνδρες·
> ὑμήναον.
> 5 γάμβρος + (εἰσ)έρχεται ἴσος Ἄρευι +,
> (ὑμήναον,)
> ἄνδρος μεγάλω πόλυ μέσδων.
> (ὑμήναον.)

Die Übertreibung, verbunden mit dem religiösen Motiv ist ein alter volkstümlicher Zug der Hochzeitslieder.

Die archaische Lyrik und besonders die Hochzeitslieder sind einfach und direkt; man sollte nicht unbedingt hinter einem einfachen Satz etwas anderes verstehen, als die Wörter selbst bedeuten.[47] Die letzten zwei Verse bedeuten einfach »der Bräutigam kommt wie Ares/ viel größer als ein großer Mann«; deswegen sollen die Zimmerer den oberen Balken hochheben. Kirk[48] versteht den letzten Vers als eine obszöne Anspielung. Er beruft sich auf entsprechende Übertreibungen aus der Vasenmalerei; doch

44. Vgl. Murgatroyd a. O.
45. Vgl. Tsitsoni 46, 48.
46. S. Wilamowitz TG 73 Anm. 1.
47. Vgl. Fowler 40.
48. G.S.Kirk, A Fragment of Sappho reinterpreted: CQ 13 (1963), 51-52.

in bezug auf die Hochzeitslieder gibt es, soviel wir wissen, keine ähnlichen Szenen.

Das Motiv der rituellen Obszönität ist üblich in den Hochzeitsliedern; in unserem Vers aber geht es eher um ein scherzhaftes Lob des Bräutigams: er ist viel größer als ein großer Mann; er ist so groß wie Ares, und wir wissen aus der Ilias Φ 407, wie groß Ares ist:

ἑπτὰ δ' ἐπέσχε πέλεθρα πεσών, ἐκόνισε δὲ χαίτας.

Das Vergleichen, nicht nur mit Göttern, gehört zum Stil der Hochzeitslieder.[49] Die Gleichnisse, die Sappho mit Vorliebe gebraucht, lassen sich in drei Kreise[50] teilen, und gelegentlich drücken sie indirekt verschiedene Gedanken[51] und Gefühle aus. Im ersten Kreis erhebt sich der Mensch in die göttliche Sphäre, wenn auch nur momentan. Auch Heroen werden während der Hochzeit den Göttern gleichgestellt. Zum zweiten Kreis gehören Heroenvergleiche, wie wir aus einem indirekt überlieferten Gleichnis entnehmen: Himerios or. 9, 185 (p. 82 Colonna): Σαπφοῦς ἦν ... τὸν νυμφίον ... Ἀχιλλεῖ παρομοιῶσαι. Bilder aus der Natur enthält der dritte Kreis. Ähnlich wie bei den Naturschilderungen[52] gebraucht Sappho auch Blumen, Früchte und Naturelemente nicht um ihrer selbst willen. Einerseits verknüpft sie sie mit der Tradition, andererseits gebraucht sie sie, um einen Begriff zu ver-

49. S. darüber z. B. Snell, Herm. 66, S. 72; Fränkel DuPh S. 233.

50. Die Einteilung stammt von Dietel a. O. 84.

51. Vgl. Macleod 217.

52. Allgemein über die Natur bei Sappho s. Treu 140 mit Anm. 14; Elliger 179–183.

körpern und dadurch ein Bild lebendig zu machen. In fr. 105 a V.

$$\text{οἶον τὸ γλυκύμαλον ἐρεύθεται ἄκρωι ἐπ' ὔσδωι,}$$
$$\text{ἄκρον ἐπ' ἀκροτάτωι, λελάθοντο δὲ μαλοδρόπηες·}$$
$$\text{οὐ μὰν ἐκλελάθοντ', ἀλλ' οὐκ ἐδύναντ' ἐπίκεσθαι}$$

wird die Braut mit einem süßen Apfel verglichen - mit dem Symbol der Liebe und der Fruchtbarkeit, das auch im Hochzeitsritual eine Rolle spielt.[53] Durch die Hinzufügung von γλυκύς aber versinnlicht sie den Begriff der Reife und der damit verbundenen Süße der Frucht, um damit die Braut zu vergleichen. Statt des transitiven ἐρεύθω, das bei Homer Λ 394 vorkommt, gebraucht sie ἐρεύθομαι, um den Prozeß des Rotwerdens zu bezeichnen. Die Wiederholungsfigur ist ein traditionelles Element; aber die nachträgliche Steigerung verleiht dem Bild Lebendigkeit und betont die Entfernung. Durch die μεταβολή (Demetr. eloc. 148 spricht von der Anmut der sapphischen μεταβολή, die er an fr. 111 V. erläutert), die nachträgliche Steigerung und die kleinen Änderungen am Wortschatz, hat Sappho etwas Persönliches, Unnachahmliches geschaffen, das nicht weiter entwickelt, sondern nur übernommen wurde.[54]
In manchen Interpretationen des Gedichtes treten die poetischen Züge nicht deutlich zutage. Im Gleichnis, meint Fränkel, wird »die unberührte Reinheit der Braut gerühmt« (DuPh 233). Gomme findet es ungewöhnlich, am Hochzeitstag die früheren Verehrer der Braut zu erwähnen, und er spricht vom derben Humor des Fragments.[55]

53. S. Brazda 35, 42.
54. S. Theokrit 11, 39; vgl. Dietel 86.
55. S. Gomme 260.

Tsagarakis erwähnt das Fragment in einem anderen Zusammenhang, um die Rolle der Ehe und die Stellung der Frau in Sapphos Zeit zu beleuchten.[56]
»Im Gegensatz zum schwer erreichbaren Apfel ... wird die Hyazinthe« in fr. 105 b V. »zertreten« (Dietel 86)

οἴαν τὰν ὑάκινθον ἐν ὤρεσι ποίμενες ἄνδρες
πόσσι καταστείβοισι, χάμαι δέ τε πόρφυρον ἄνθος ...

Das Fragment ist anonym überliefert (Demetr. eloc. 106), und man hat nicht nur seine Zuweisung an Sappho, sondern auch seine Gattungszugehörigkeit bezweifelt. [57] Die Tatsache, daß wir von diesen zwei Fragmenten und von fr. 104 a V. und 104 b V. Nachklänge bei Catull 62 finden, führte zu der Annahme, daß sie zu ein und demselben Gedicht gehörten. Dafür spricht aber nicht nur Catulls Nachbildung - denn er hätte für sein Epithalamion aus verschiedenen Liedern Sapphos schöpfen können - sondern auch ihr Inhalt und nicht zuletzt ihr Versmaß. »Die Verbindung der beiden Gleichnisse« in den fr. 105 a V. und 105 b V. «in einem Gedicht ist sehr wahrscheinlich, da der zweite Vergleich in einem Hochzeitslied nur erträglich ist, wenn er stark verneint war« (Dietel 86). Die Antithese zwischen den zwei Bildern könnte man als einen Beweis dafür auffassen, daß die zwei Fragmente aus einem Amoibaion zwischen einem Mädchen- und einem Jünglingschor stammen. Wenn man annimmt, daß fr. 105 a V. von einem Jünglingschor vorgetragen wurde, dann hat die μεταβολή wenig Sinn; (Davison versteht den Vergleich der Braut mit einem reifen süßen Apfel als etwas Negatives, er spricht von »an old maid« (78).) Man kann eher annehmen,

56. Tsagarakis, Soc. circ. 10 f.
57. Vgl. Dietel a. O., Gomme a. O.

daß der dritte Vers des Fragments 105 a V. von einem Mädchenchor vorgetragen wurde. Davies' Interpretation »erotic, desirable, but not yet attainable«[58] kommt dem Sinn dieser Verse näher.

Auf die Vieldeutigkeit der Gleichnisse Sapphos hat Macleod hingewiesen: »... such comparisons may have more than one aspect and may be an oblique way of putting divergent thoughts and feelings« (Macleod 217). Der Gedanke der Trennung[59] wird in dem Vergleich der Braut mit einer Blüte ausgedrückt. Der Vergleich mit einer Blüte »erscheint naturgemäß gerade dann, wenn das Kind aus dem Elternhaus ins Leben hinaustritt« (Fränkel WuF 44).[60] Es ist nicht auszuschließen, daß gleichzeitig die Jungfräulichkeit der Braut mit der Hyazinthe verglichen wird; πόρφυρον ἄνθος könnte eine Anspielung darauf sein.[61]

Wir nehmen an, daß fr. 105 a V. und 105 b V. zum gleichen Amoibaion gehören, das von zwei Chören vorgetragen wurde (die ersten zwei Verse des fr. 105 a V. von einem Jünglingschor, der dritte Vers und fr. 105 b V. von einem Mädchenchor).

Zwei weitere Fragmente stammen wahrscheinlich aus demselben Lied, fr. 104 a V.

Ἔσπερε πάντα φέρηις ὅσα φαίνολις ἐσκέδασ' Αὔως,
φέρηις ὄιν, φέρηις αἶγα, φέρηις ἄπυ μάτερι παῖδα.

und fr. 104 b V.

ἀστέρων πάντων ὁ κάλλιστος.

58. Davies 400.

59. Vgl. Seaford, Ritual 52 f.

60. In der Ilias P 53, Σ 57 f. ist der Vergleich mit dem Tod verbunden.

61. Vgl. Jenkyns 45.

Die Antithese zwischen den zwei Fragmenten ist klar: Für die Jünglinge ist das Erscheinen des Abendsterns etwas Schönes, denn am Abend findet die Heimführung der Braut statt; für die Mädchen bedeutet es die Trennung.
Demetrios (eloc. 141) bemerkt hierzu: χαριεντίζεται δέ ποτε (Σαπφώ) ... καὶ γὰρ ἐνταῦθα ἡ χάρις ἐστὶν ἐκ τῆς λέξεως τῆς »φέρεις« ἐπὶ τὸ αὐτὸ ἀναφερομένης; gerade die Wiederholung betont die Bedeutung der Wendung φέρηις ἄπυ und drückt eher etwas Melancholisches aus.
Die Rückkehr der Tiere steigert den Gedanken des Abschieds in der Menschenwelt. »Das Verhältnis von Trennung und Vereinigung« wird auch »in der Gegenstellung von Morgenröte und Abend bzw. Abendstern konkretisiert« (Bremer 230).
Der Abendstern ist ein typisches Motiv der Hochzeitspoesie. In bezug auf unser Fragment ist er das Zeichen, daß das Gastmahl im Hause des Brautvaters beendet ist und daß die Heimführung der Braut bald beginnt.
Wilamowitz macht auf die homerisierenden daktylischen Hexameter des Fragments aufmerksam. Diese Verse waren wahrscheinlich für den Sprechgesang bestimmt.[62]
Mit einem biegsamen Stengel wird der Bräutigam im nächsten Fragment verglichen; fr. 115 V.

Τίωι σ᾿, ὦ φίλε γάμβρε, κάλως ἐικάσδω;
ὄρπακι βραδίνωι σε μάλιστ᾿ ἐικάσδω

Die Frage nach dem passenden Vergleich berührt die Kunst des Dichtens selbst und ist ein literarischer Topos geworden. Die zwei Verse stammen wahrscheinlich aus einem monodischen Lied; ob es Sappho selbst gesungen

---

62. Vgl. Wests Bemerkungen über das Vortragen bei Homer. (West, Homer 114).

hat? Um die schöne, schlanke Gestalt des Bräutigams zu loben, verwendet Sappho ein Beiwort, das sie sonst für Aphrodite gebraucht.[63]
Als unübertrefflich wird die Braut in fr. 113 V. bezeichnet:

$$\text{οὐ γὰρ}$$
$$\text{ἀτέρα νῦν πάις, ὦ γάμβρε, τεαύτα,}$$

ihr gleicht kein anderes Mädchen.

»Zum Zartesten griechischer Dichtung« rechnet Lesky[64] fr. 114 V.:

(νύμφη).   παρθενία, παρθενία, ποῖ με λίποισ' ἀ(π)οίχηι;
(παρθενία).   + οὐκέτι ἤξω πρὸς σέ, οὐκέτι ἤξω +

Als »a mock dialogue« bezeichnet Kirkwood die zwei Verse. Diese zwei Verse drücken auch die Gefühle der Braut aus; aber vor allem schildern sie die wahre Situation bzw. die Angst des Mädchens vor seinem Eintritt in ein neues Leben, mit einem fremden Mann (bis zum Hochzeitstag lebte sie mit ihren Altersgenossinnen); außerdem heiratete sie in den Pubertätsjahren, in einem schwierigen Alter.[65]
Ungeachtet der verschiedenartigen Deutungsmöglichkeiten des Fragments ist die Verwertung alter volkstümlicher Bestandteile des Hochzeitsbrauchs nicht zu verkennen. Der Dialog zwischen der Jungfräulichkeit und dem klagenden Mädchen wird nicht »bloße Spielerei sein, sondern muß einen festen Hintergrund in einem stehenden Hochzeitsakte haben, durch welchen die Braut förmlich Ab-

---

63 . Vgl. oben zu fr. 115,2 V. S. 82.
64 . Lesky 164.
65 . Vgl. Lefkowitz, Her. vii, Myth 33.

schied nahm von der Jungfernschaft« (Usener 309).[66]
Auf den sakralen Charakter der identischen Wiederholung
ohne Abstand weist Fehling hin. Die verdoppelte Anrede
ist im Gebet und Kultruf gewöhnlich. Sie ist »der Götter-
anrede gleichzusetzen, bzw. davon abzuleiten« (Fehling
169).
Fr. 30 V. stammt aus dem letzten Gedicht des ersten Buches der alexandrinischen Ausgabe; es wurde nicht in das
Buch der Epithalamien aufgenommen wegen seines Versmaßes (stropha Sapphica)

νύχτ[...].[

—

πάρθενοι δ[
παννυχίσδοι̣[σ]α̣ι̣[
σὰν ἀείδοι̣ς[ι]ν φ[ιλότατα καὶ νύμ-
     φας ἰοκόλπω.

5

—

ἀλλ᾿ ἐγέρθε̣ι̣ς ἤι̣θ[ε
στεῖχε σοὶς ὑμάλικ̣[ας
ἤπερ ὄσσον ἀ λιγύφω̣[νος
     ὕπνον [ἴ]δωμεν.

9

—

Hunt bezeichnet diese Verse als »conclusion of an epithalamion« (P. Oxy. X 1231, p. 43); Wilamowitz vermutet, daß
das Gedicht eine» Nachtfeier, vielleicht eine Hochzeit,
angeht« (Kleine Schriften I 394). Das Fragment gehört zu
einem διεγερτικόν bzw. ὄρθριον , das bei Tagesanbruch von
einem Mädchenchor vor dem Brautgemach gesungen wurde; Aischylos fr. 43 R. bestätigt diese Sitte:

66 . Vgl. Bowra 222; Herington 56.

κἄπειτα δ᾽ εὖτε λαμπρὸν ἡλίου φάος
ἕως ἐγείρῃ, πρευμενεῖς τοὺς νυμφίους
νόμοισι θέντων σὺν κόροις τε καὶ κόραις.

Fr. 112 V. ist kurz, aber gut erhalten; es zeigt auch eine gewisse Geschlossenheit und einen klaren Aufbau:

Ὄλβιε γάμβρε, σοὶ μὲν δὴ γάμος ὡς ἄραο
ἐκτετέλεστ᾽, ἔχηις δὲ πάρθενον, ἂν ἄραο.
σοὶ χάριεν μὲν εἶδος, ὄππατα (δ᾽ ....)
μέλλιχ᾽, ἔρος δ᾽ ἐπ᾽ ἰμέρτωι κέχυται προσώπωι
(...............) τετίμακ᾽ ἔξοχά σ᾽ Ἀφροδίτα

Es gehört zu den traditionellen Zügen der Hochzeitslieder, daß sowohl die Braut als auch der Bräutigam angeredet werden, wie in fr. 116 V.

χαῖρε, νύμφα, χαῖρε, τίμιε γάμβρε, πόλλα

und fr. 117 V.

+χαίροις ἀ νύμφα+, χαιρέτω δ᾽ ὁ γάμβρος.

Der erste Teil des Fragments (Vers 1 f.) ist formelhaft. Der Wortschatz ist typisch für die Epithalamien; er stammt aus dem sakralen Sprachgebrauch (ἄραο, ἐκτετέλεστ᾽) und aus der Vertragssprache (ἔχεις). Ἔχεις ist eine Formel, die aus der Vertragssprache in die epische bzw. in die poetische Tradition übernommen wurde.[67] In der Kunst ist diese Formel durch den Gestus χεῖρ᾽ ἐπὶ καρπῷ dargestellt. Dieser Gestus war der Höhepunkt der Hochzeitszeremonie und galt als Symbol, daß die Braut dem Mann gehörte.[68] Auf dem Siegelring von St.

---

67 . Vgl. Wickert-Micknat R 95.

68 . S. z. B. Wintermeyer 171.

Louis[69] , der ein Brautpaar beim Aufbruch darstellt, sieht man deutlich den festen Griff des Mannes um das Handgelenk der Braut.

Das Fragment fängt an mit der kultisch festgelegten Form des Makarismos.[70] Sappho gebraucht jedoch das Wort ὄλβιος[71] in einer neuen Bedeutungsnuance, indem sie es auf das Liebesglück bezieht. (Aphrodite heißt bei Sappho fr. 133 V. πολύολβος, weil sie Liebesglück schenkt.)

Den zweiten Abschnitt des Fragments könnte man als den »lyrischen« Teil bezeichnen (wir beziehen diese Verse auf die Braut); der Wortschatz ist mit Emotionen und Sinnlichkeit aufgeladen. Die Braut ist anmutig und anziehend. Ihr Antlitz erweckt das Verlangen. Der letzte Satz erklärt den vielfältigen Reiz der Braut.[72]

Fr. 44 V. ist einer der umfänglichsten Sapphotexte:

```
      Κυπρο .[              -22-            ]ας·
      κᾶρυξ ἦλθε θε [  -10-  ]ελε [ ... ] . θεις
      Ἴδαος  ταδεκα ...φ [ .. ] . ις  τάχυς ἄγγελος
3a    («                                        )

      τάς τ᾽ ἄλλας Ἀσίας .[.]δε . αν κλέος ἄφθιτον·
5     Ἔκτωρ καὶ συνέταιρ[ο]ι ἄγοισ᾽ ἐλικώπιδα
      Θήβας ἐξ ἰέρας Πλακίας τ᾽ ἀπ᾽ ἀϊ]ν(ν)άω
      ἄβραν Ἀνδρομάχαν ἐνὶ ναῦσιν ἐπ᾽ ἄλμυρον
```

69. Der Ring stammt aus der früharchaischen Zeit; vgl. Mylonas 559, 561.

70. Vgl. Snell, EdG, S. 60; über den hieratischen Charakter des Makarismos s. z. B. Gladigow 405 mit Anm. 4.

71. Über die Bedeutung des Wortes ὄλβιος s. De Heer 12 f.

72. Vgl. Lieberg 20.

    πόντον· πόλλα δ᾽ [ἐλί]γματα χρύσια κἄμματα
    πορφύρ[α] καταΰτ[με]να, ποίκιλ᾽ ἀθύρματα,
10   ἀργύρα τ᾽ ἀνάριθμα ποτήρια κἀλέφαις«.
    ὣς εἶπ᾽· ὀτραλέως δ᾽ ἀνόρουσε πάτ[η]ρ φίλος·
    φάμα δ᾽ ἦλθε κατὰ πτόλιν εὐρύχορον φίλοις.
    αὔτικ᾽ Ἰλίαδαι σατίναι[ς] ὑπ᾽ ἐυτρόχοις
    ἆγον αἰμιόνοις, ἐπ[έ]βαινε δὲ παῖς ὄχλος
15   γυναίκων τ᾽ ἄμα παρθενίκα[ν] τ .. [..]. σφύρων,
    χῶρις δ᾽ αὖ Περάμοιο θυγ[α]τρες[
    ἴππ[οις] δ᾽ ἄνδρες ὔπαγον ὐπ᾽ ἄρ[ματα
    π[ ]ες ἠίθεοι, μεγάλω[σ]τι δ[
    δ[ ]. ἀνίοχοι φ[.....].[
20   π[᾽] ξα . ο[
    (desunt aliquot versus   )
                       ἴ]κελοι θέοι[ς
                       ] ἄγνον ἀολ[λε
    ὄρμαται [   ]νον ἐς Ἴλιο[ν
    αὖλος δ᾽ ἀδυ[μ]έλης[   ]τ᾽ ὀνεμίγνυ[το
25   καὶ ψ[ό]φο[ς κ]ροτάλ[ων   ]ως δ᾽ ἄρα πάρ[θενοι
    ἄειδον μέλος ἄγγ[ον, ἴκα]νε δ᾽ ἐς αἴθ[ερα
    ἄχω θεσπεσίᾳ γελ[
    πάνται δ᾽ ἦς κὰτ ὄδο[ις
    κράτηρες | φίαλαί τ᾽ ὀ[...]υεδε[..] .. εακ[.].[
30   μύρρα καὶ κασία λίβανός τ᾽ ὀνεμείχνυτο
    γύναικες δ᾽ ἐλέλυσδον ὄσαι προγενέστερα[ι
    πάντες δ᾽ ἄνδρες ἐπήρατον ἴαχον ὄρθιον
    πάον᾽ ὀνκαλέοντες Ἐκάβολον εὐλύραν
    ὔμνην δ᾽ Ἔκτορα κ᾽Ανδρομάχαν θεο(ε)ικέλο[ις.

Gleich nach seiner Veröffentlichung durch Hunt, 1914, äußerte Wilamowitz den Verdacht, daß er nicht von Sappho stamme. Angesichts sprachlicher und metrischer Besonderheiten des Fragments gelangte er zu der Überzeugung, »daß das größte neue Stück zwar ein sehr merkwürdiges lesbisches Lied, aber keines der Sappho« sei (Wilamowitz, NLL 230 = Kl. Schr. I 391). Als 1926 ein zweiter Papyrus mit dem gleichen Fragment ans Licht kam, bezweifelte der Herausgeber seine Echtheit, obwohl nun zum zweiten Mal Sappho ausdrücklich als Verfasserin bezeugt war. In dem neuen Papyrus war auch das Buch angegeben, aus dem das Fragment stammt: σαπφο[ῦς μελῶν. Hunt hat es den »'abnormal' poems of Sappho« zugewiesen.

Die Frage der Echtheit des Fragments beschäftigte lange die Interpreten, obwohl der Name der Dichterin nicht nur auf zwei Papyri bezeugt, sondern auch mehreren antiken Zitaten aus dem Gedicht zusammen mit der Buchzahl beigegeben ist; zudem ist der Nachweis erbracht, daß die sprachlichen und metrischen Besonderheiten die Autorschaft Sapphos nicht ausschließen.

Die meisten Forscher haben sich für die Echtheit des Fragments entschieden. Der Echtheitsfrage folgte die nach der Gattungszugehörigkeit. Stammt das Fragment aus einem Hochzeitslied?

Wilamowitz hat zwar die Autorschaft Sapphos bestritten, aber inhaltlich zählt er das Fragment zu den jüngeren äolischen Hochzeitsliedern; Schadewaldt, der ebenfalls die Autorschaft Sapphos bestritt, hielt das Lied für »ein gutes Stück alter lesbischer Hochzeitsdichtung« (Schadewaldt 49).

Die Verteidiger der Echtheit suchten den Anlaß des Liedes und die Funktion des Mythos, aus dem das ganze Fragment besteht, zu bestimmen. In der archaischen Zeit haben alle Gedichte (Lieder) einen konkreten Anlaß und sind für ein bestimmtes Publikum gedichtet. Sapphos Leben in ihrem Mädchenkreis spiegelt sich in ihren Liedern wider. In den Rahmen dieses Kreises läßt sich auch fr. 44 V. einfügen; um die Hochzeit eines dieser Mädchen zu feiern, um das Brautpaar zu verherrlichen, hat sie die Braut und den Bräutigam mit Heroen gleichgesetzt; aber das ist nicht alles, wie wir sehen werden. Die mythische Hochzeitserzählung, eingebettet in ein Hochzeitslied, gehört zu den poetischen Prinzipien der archaischen Lyrik. Ps. Dion. Hal. ars rhet. 2, 5 (II p. 264, 7 U.-R.) deutet darauf hin, wenn er die Regel für den Hymenaios gibt: παραθετέον καὶ μνηστέον καὶ ἐνδόξων γάμων ἢ ἀρχαίων. Was aber von Sapphos Originalität zeugt, ist der Umstand, daß ihr Lied am Ende mit dem Lied, das die Trojaner in der mythischen Erzählung für Hektor und Andromache singen, verschmilzt.

Lesky bestreitet die Autorschaft Sapphos nicht, aber er meint, daß »die Geschichte von der Hochzeit des Mannes, dessen Leichnam Achilleus schleifte, und der Frau, die Sklavin wurde, alles eher als ein gutes Omen für eine Feier dieser Art« sei. Er gibt zwar selbst zu, daß die Entscheidung schwierig sei, doch unter den Fragmenten des Alkaios seien auch welche, die er nicht anders zu deuten wüßte »als aus der Freude am mythischen Bild um seiner selbst willen« (Lesky 171). Aber wie später gezeigt werden soll, darf der Bezug des Mythos auf das Publikum bei Sappho nicht preisgegeben werden, und nicht zuletzt die Funktion des Mythos; da das Lied nur aus dem Mythos besteht, ist es an dieser Stelle angebracht zu erwähnen, wie ernst und wichtig der Mythos nicht nur für die archaische Lyrik, sondern auch für das Leben der Griechen überhaupt war. »Der Mythos war ein Spiegelbild des ganzen Lebens, aber von höherer Realität« (Merkelbach 16). Dieses Fragment gilt als das früheste Beispiel für die Bedeutung des Mythos in der archaischen Festpoesie. Wir wissen nicht, ob Sappho die mythische Hochzeit von Hektor und Andromache als erste behandelt hat, ob ihr eine Vorlage zur Verfügung stand oder ob sie aufgrund von homerischen Hinweisen dichtete. Es könnte sein, daß es in der äolischen Tradition eine ähnliche Erzählung gegeben

hat, denn gerade Mythen, die mit den Hauptinstitutionen
der archaischen Gesellschaft - wie es die Institution der
Ehe ist - eng verbunden sind, haben bessere Chancen,
lange fortzuleben.

Kakridis, der das Fragment ähnlich wie Lesky für eine lyrische Erzählung - nicht für ein Epithalamion - hält, mach-
te auf die Bemerkung Diehls »carmen conditum esse ad
exemplum Hectoris λύτρων Ω 265 « (ALG ^{2} I 4 p. 36)
aufmerksam. Wenn das stimmt, war es Sapphos genialer
Einfall, eine traurige Unternehmung in eine glanzvolle
Hochzeitsszene zu verwandeln; aus der Heimholung eines
Leichnams machte sie einen Hochzeitszug. Die öffentliche
Feier mit Musik, Jubel und Gesang in fr. 44 V., die
Heimholung von Hektors Braut, ruft in Erinnerung den
öffentlichen Empfang, den die königliche Familie und das
Volk für den toten Hektor veranstalteten. Von Wehklagen
begleitet wird die Leiche Hektors auf einem Wagen nach
Troja gebracht. Aus den Klageliedern hätte Sappho ein
Hochzeitslied gemacht.

Ihre Hochzeitserzählung schließt sie in origineller Weise:
sie läßt die Trojaner ein Hochzeitslied auf Hektor und
Andromache singen. Ihr Hochzeitslied klingt aus mit dem
Lied der Trojaner. Ein Lied im Lied scheint die Erfindung
der Sappho zu sein.

Auf Kakridis´ Frage, wie ein Gedicht, das eine so tragische Szene heraufbeschwört, ein carmen nuptiale sein
könne, bietet Rösler[73] ein Argument. Er bringt als Beispiel eine Stelle aus Himerios, in der der Vergleich des
Bräutigams mit Achill bezeugt ist (Himerios, Or. 9, 16 p.
82 Col. = Test. 218 V.). In diesem Fall, argumentiert
Rösler, würde Sappho den Bräutigam nicht mit Achill
vergleichen, denn ähnlich wie Hektor und Andromache ist

73. **Rösler GuP 277.**

Achill im Fortgang des Mythos von einem tragischen Schicksal betroffen.

Abgesehen von ihrem tragischen Schicksal, bilden Hektor und Andromache das Ehepaar schlechthin;[74] Andromache ist eine der ehrwürdigsten Gestalten des Mythos. Das sind die Elemente, die für Sappho von Bedeutung sind; es nimmt nicht Wunder, daß sie das tragische Paar zu einem glücklichen Brautpaar verwandelt, denn auch sonst übernimmt sie aus der Tradition die Elemente, die ihrem Zweck dienen. In fr. 16 V. z.B. modifiziert sie den überlieferten Mythos, damit er ihrer eigenen Situation entspricht.

Was die Gattungszugehörigkeit betrifft, so nehmen wir an, daß diese mythische Hochzeitserzählung als Inhalt eines Hochzeitslieds diente, das während des Gastmahls als Monodie rezitiert wurde; dafür spricht der erzählerische Stil des Fragments - Fowler spricht von den Ereignissen, die »in chronological sequence« erzählt werden: »the messenger speaks to the king; the king then takes action; preparations are made; the couple arrives; the celebrations begin. Throughout the poem there is an alteration of tempi« (Fowler 67); das ist ein Stil, der auch bei Märchen üblich ist. Es gibt ein neugriechisches Volkslied, das nur aus einer Hochzeitserzählung besteht. Darin werden nicht Braut und Bräutigam mit dem Mond oder der Sonne verglichen, sondern der Mond und die Sonne sind selbst das Brautpaar. In Sapphos Hochzeitserzählung tritt das Mythische an die Stelle des Märchenhaften. Das Brautpaar wird nicht mit Hektor und Andromache verglichen, sondern es wird mit ihnen identifiziert. Was Rösler[75] über das Ver-

74 . Vgl. Meyerhoff 136 f.
75 . Rösler GuP, S. 279 mit Anm. 25.

hältnis von Realität und Mythos schreibt, gilt auch für das Verhältnis von Realität und Märchen. Mythos und Realität sind jedoch bis zu einem gewissen Punkt verknüpft; die mythische Situation ist nicht in allen Punkten identisch mit der Situation der Gegenwart. Die Interpretation von fr. 44 V. als Hochzeitslied bedeutet nicht unbedingt, daß, weil das Brautpaar mit Hektor und Andromache identifiziert ist, auch die verschiedenen Hochzeitsfeierlichkeiten, die darin vorkommen, mit den entsprechenden der Realität identisch sind. Wir meinen, daß das Lied, aus dem fr. 44 V. stammt, nicht während des Hochzeitszugs von einem Chor bzw. vom Publikum gesungen wurde. (Der Umzug ist der prachtvollste Teil der Feierlichkeiten und in gewissem Sinne auch der wichtigste, davon zeugt auch die bildende Kunst. Die meisten und schönsten Hochzeitsszenen auf Vasen stammen aus der Heimführung.[76] Die prunkvolle Hochzeit von Thetis und Peleus, Helena und Menelaos, Herakles und Hebe und anderen mythischen Gestalten ist auf Vasen abgebildet.) Daß man während des Hochzeitsmahls sang, lehrt uns die Iliasstelle Ω 62 f..
Aus einer Hochzeitserzählung stammt auch fr. 141 V.

$$
\begin{aligned}
&\varkappa\tilde{\eta}\ \delta'\ \dot{\alpha}\mu\beta\rhoo\sigma\acute{\iota}\alpha\varsigma\ \mu\grave{\epsilon}\nu \\
&\varkappa\rho\acute{\alpha}\tau\eta\rho\ \dot{\epsilon}\varkappa\acute{\epsilon}\varkappa\rho\alpha\tau' \\
&\quad\ \ ^{\prime\prime}E\rho\mu\alpha\iota\varsigma\ \delta'\ \ddot{\epsilon}\lambda\omega\nu\ \ddot{o}\lambda\pi\iota\nu\ \vartheta\acute{\epsilon}o\iota\sigma'\ \dot{\epsilon}o\iota\nu o\chi\acute{o}\eta\sigma\epsilon. \\
&\varkappa\tilde{\eta}\nu o\iota\ \delta'\ \ddot{\alpha}\rho\alpha\ \pi\acute{\alpha}\nu\tau\epsilon\varsigma \\
&\varkappa\alpha\rho\chi\acute{\alpha}\sigma\iota'\ \tilde{\eta}\chi o\nu \\
&\quad\ \ \varkappa\ddot{\alpha}\lambda\epsilon\iota\beta o\nu\cdot\ \dot{\alpha}\rho\acute{\alpha}\sigma\alpha\nu\tau o\ \delta\grave{\epsilon}\ \pi\acute{\alpha}\mu\pi\alpha\nu\ \ddot{\epsilon}\sigma\lambda\alpha\ \gamma\acute{\alpha}\mu\beta\rho\omega\iota.
\end{aligned}
$$

Es ist nicht ersichtlich, um welche Götterhochzeit es geht. »Interessant ist vielmehr die Selbstverständlichkeit, mit

76. S. z. B. Fink 52, 45.

der Einzelheiten, die bei einer irdischen Hochzeit ihre Bedeutung haben, nämlich Opfer und Gebet, auf die Ebene des Göttermythos übertragen werden« (Rösler GuP 280). Aus einer mythischen Hochzeitserzählung stammen wahrscheinlich auch fr. 161 V. und die Zitate von P. Oxy. 2506 fr. 115.[77]

Die Interpretation dürfte gezeigt haben, wie Sappho bei stark persönlich geprägtem Ausdruck (Sprache und Stil) sich dennoch an traditionelle Elemente des Hochzeitsliedes hält. Außer Betracht geblieben ist das oft irrig in diesen Zusammenhang gestellte fr. 31 V. (φαίνεταί μοι κῆνος), da meiner Meinung nach Latacz[78] durch genaue Untersuchung des Wortschatzes die Nichtzugehörigkeit zu den Hochzeitsliedern bewiesen hat.

77. Vgl. Contiades-Tsitsoni 6 f.

78. J.Latacz, Realität und Imagination, MH Vol. 42 (1985) Fasc. 2. Schon das Wort ὤνηρ statt γάμβρος schließt die Zugehörigkeit zu den Hochzeitsliedern aus. Vgl. oben S. 85 mit Anm. 34.

Kapitel V

Das neugriechische Hochzeitslied[*]

»Für alle, denen daran liegt, dass ihnen die grossen Gestalten des klassischen Alterthums nicht wesenlose Schatten bleiben, sondern sich in lebendige mit Fleisch und Blut ausgestattete Körper verwandeln, ist es eine der anziehendsten und fruchtbringendsten Aufgaben, im heutigen Griechenland das alte zu suchen und zu finden. Nur muss man, um zu finden, auch zu suchen verstehen.« Diese Feststellung stammt nicht von einem Griechen, der aus Stolz auf seine Ahnen Parallelen suchte, sondern von einem Deutschen, der im 19. Jahrhundert (1864), überrascht von dem unmittelbaren Zusammenhang zwischen Neugriechenland und dem griechischen Altertum, ein Buch mit dem Titel »Das alte Griechenland im neuen« verfaßte; Curt Wachsmuth, der Verfasser des Buches, stellte »unmittelbaren Zusammenhang« in Märchen[1] und Sagen, im Kultus, im Volksglauben, in Sitten und Gebräuchen, in den Volksliedern fest; all das blieb, »wie natürlich, am leichtesten und am meisten bei den wichtigsten Ereignissen des menschlichen Lebens haften« (Wachsmuth 35), wozu auch die Hochzeit gehört. Im Anhang seines Buches bietet Wachsmuth Volkslieder und berichtet über die Hochzeits-

[*] In den folgenden griechischen Zitaten ist die Orthographie der Herausgeber beibehalten, so daß eine gewisse Ungleichmäßigkeit in Kauf genommen werden muß. Die Übersetzungen stammen von mir.

1. Neulich hat Kakridis auf den Zusammenhang zwischen Hes. fr. 43 M.-W. und einem neugriechischen Märchen hingewiesen (März. 14).

bräuche im neuen Griechenland im Vergleich zu denen der Antike.

Die bis heute grundlegende Darstellung des Gegenstands stammt von dem Begründer der Volkskunde in Griechenland, Nikolaos Politis (1852-1921), Ὁ γάμος παρὰ τοῖς νεωτέροις "Ελλησιν.

Politis' Abhandlung ist eine Fundgrube. Die Frage nach dem Fortleben der griechischen Volkslieder überhaupt hatte schon den ersten Herausgeber solcher Lieder, den Franzosen Claude Fauriel (1772-1844) beschäftigt. In der Einleitung[2] seines 1824 erschienenen Buches stellte er die Frage nach dem Ursprung der neugriechischen Volkslieder. Fauriel kam zu dem Schluß, daß sie zwar im Wandel der Zeit verändert, aber doch aus der Antike zu uns gekommen sind.[3] Stilpon Kyriakidis (1887-1964) überprüfte die Beweisführung Fauriels in einer Arbeit über die historischen Ansätze des neugriechischen Volksliedes und stellte eine neue These auf: der Ursprung dieser Lieder ist in der römischen Kaiserzeit zu suchen, denn schon in der klassischen Zeit wurde die Volksdichtung durch hohe literarische Produktion verdrängt, bzw. in die Kunstdichtung einbezogen, so daß man nicht mehr von eigentlicher Volksdichtung sprechen kann.[4] An dieser Stelle ist anzumerken, was Kakridis[5] zur Frage der Abhängigkeit Theokrits (18) von Sappho oder von Stesichoros gesagt hat: Thematische Ähnlichkeit bedeutet nicht unbedingt, daß der Jüngere vom Älteren schöpft. Alle drei schöpften aus der gleichen Quelle: den festen Hochzeitsbräuchen, wie

2. Fauriel I, S. XCVIII.
3. Fauriel a.O. CXII; vgl. Kyriakidis 170 f.;
   Mastrodimitris 15.
4. Kyriakidis 177.
5. Ι.Θ.Κακριδής, Ἀρχαϊκὴ λυρικὴ ποίηση, Ἀθήνα 1983, 196.

sie heute noch in Griechenland weiterleben; auf diese Weise kann man auch die erstaunlichen Ähnlichkeiten zwischen Theokrit 18 und einigen neugriechischen Hochzeitsliedern erklären, wie wir sehen werden. Allgemein gilt, daß die auffallendsten Ähnlichkeiten gerade bei Liedern mit rituellem Charakter - Hochzeitsliedern und Totenklagen[6] - festzustellen sind.

6. Die Totenklagen haben große Ähnlichkeit mit den Hochzeitsliedern. Manchmal klingen sie, bis auf ein oder zwei Wörter identisch. Der Tod wird im folgenden Lied als eine Hochzeit im Hades aufgefaßt:

Ἡ μάνα μου κάνει χαρά, κάνει τοῦ γιοῦ μου γάμο· Πάγει στῆς βρύσαις γιὰ νερὸ καὶ στὰ βουνὰ γιὰ χιόνι, Καὶ στῆς περιβολάρισαις γιὰ μῆλο γιὰ κυδῶνι. -Δόστε μου βρύσαις κρυὸ νερὸ καὶ σεῖς βουνὰ τὸ χιόνι, Καὶ σεῖς περιβολάρισαις τὸ μῆλο τὸ κυδῶνι. Ἐμένα φίλος μῶρχεται ἀπ' τὸν ἀπάνω κόσμο· Οὐδ' ἀπ' τὰ ξένα μῶρχεται οὐδ' ἀπ' τὸν ξένο κόσμο. μὸν εἶναι τὸ παιδάκι μου τὸ πολυαγαπημένο.- (Passow 370).

Meine Mutter macht Freude. Sie feiert die Hochzeit meines Sohnes; sie geht zum Brunnen Wasser holen, in die Berge für Schnee zu den Gärtnerinnen für Apfel und Quitten.-Gebt mir, ihr Brunnen, kaltes Wasser und ihr Berge Schnee, ihr Gärtnerinnen den Apfel und die Quitte. Es kommt zu mir ein Freund von der Oberwelt. Nicht aus der Fremde kommt er zu mir, nicht aus fremder Welt. Es ist nur mein Kindlein, mein vielgeliebtes Kind.

Es singt die tote Mutter auf ihren Sohn, der gestorben ist, sie wendet sich an ihre eigene Mutter; vgl. dazu Lawson 548. Manche Totenklagen ähneln denjenigen Hochzeitsliedern, die beim Abschied des Mädchens vom

Obwohl man in Griechenland immer wieder erlebt, daß Sitten und Bräuche, die vor zwanzig Jahren lebendig waren, in den Großstädten jetzt verdrängt oder vergessen sind, gibt es noch viele, die seit Jahrhunderten hindurch weiter bestehen. Viele Anschauungen des neugriechischen Volkes zeigen überraschende Ähnlichkeiten mit solchen sogar der archaischen Zeit; z.B. gebraucht man bei der Brautwahl ein Sprichwort, das dem hesiodeischen τὴν δὲ μάλιστα γαμεῖν ἥτις σέθεν ἐγγύθι ναίει (Op. 700) entspricht: παπούτσι ἀπὸ τὸν τόπο σου κι ἄς εἶν᾽καὶ μπαλωμένο »Schuh aus deinem Land, auch wenn er geflickt ist«.[7] Heute heiraten die meisten jungen Leute aus Liebe, doch gibt es auch Ehen, die durch das sogenannte προξενειό geschlossen werden; ähnlich der προμνήστρια (die Heiratsvermittlerin in der Antike) gibt es eine προξενήτρα oder einen προξενητής, die gewöhnlich aus dem Bekanntenkreis des Mädchens bzw. des jungen Mannes kommen. Was die Mitgift, προίκα, betrifft, so können zwar die Mädchen heute auch ohne sie einen Mann finden; aber die meisten Eltern empfinden es als Pflicht, ihren Töchtern ein Haus, eine Wohnung oder auch Geld als Mitgift zu schenken. Dazu kommen τὰ προικιά, die Aussteuer[8], ähnlich der φερνή im alten Griechenland. Je nachdem aus welcher sozialen Schicht man kommt, ist die Aussteuer prachtvoll oder bescheiden. Sie kann Silber, Porzellan, wertvolle Teppiche, Schmuck, Haushaltsartikel, Decken, Bettwäsche, Möbel enthalten. Auf dem Land weben die Mädchen manchmal heute noch

elterlichen Haus gesungen werden, vgl. L.M.Danforth, The Death Rituals of Rural Greece, Princeton 1982, S.86.

7. Darauf verweist auch West (Hes.Op.) in einem Nachtrag S. 384.

8. Vgl. Politis, Ehe 239 f.

ihre Decken, Teppiche, Tücher, auch Stoffe für Kleidungsstücke selbst. Dabei singen die Mädchen Lieder, die oft schon auf die Hochzeit hinweisen, etwa das folgende:

Πέτα, σαΐττα μου γοργή, χτύπα, καλό μου χτένι,
γιὰ νὰ τελειώση τὸ πανί, νὰ μὴν εἶναι στὴ μέση.
Νὰ ρτ' ὁ καλός μου τὴ Λαμπρή, νὰ βρῆ στολὴ νὰ βάλη
καὶ νὰ φορέση μὲ χαρὰ τὸ νυφικὸ στεφάνι.
Τάκου-τούκου ὁ ἀργαλειός μου,
ὥσπου νὰ φανῆ ὁ καλός μου,
τάκου-τούκου-τάκου πάλι,
νὰ ρτη νὰ βάλη τὸ στεφάνι.[9]

Flieg, mein schnelles Schiffchen, schlag, mein lieber Kamm, daß der Stoff bald fertig wird, daß er nicht herumliegt. Daß mein Schatz zu Ostern kommt, das Gewand findet und anzieht und mit Freude tragen wird den hochzeitlichen Kranz.
Taku-tuku, du mein Webstuhl,
bis mein Schatz dann kommt
wieder, taku-tuku-taku,
daß er kommt und den Kranz aufsetzt.

Dies Lied ist sehr bekannt, wir haben es als kleine Mädchen in der Schule gesungen. Es hat uns sehr gefallen, das lautmalende taku-tuku besonders laut zu singen.
Eine Art Vertrag über die Mitgift zwischen Brautvater und Bräutigam ist das προικοσύμφωνο[10], eine auf den Sitten

9. Mastrodimitris 55.
10.In zwei προικοσύμφωνα aus den Jahren 1866 und 1903, aus einem Dorf Makedoniens, sind viele Artikel aufgezählt; die meisten davon sind Kleidungsstücke für die

beruhende Abmachung, die durch das Privatrecht legitimiert wurde; erst vor ein paar Jahren hat man es abgeschafft.

Ähnlich wie im alten Griechenland bedeutet die Hochzeit für das neugriechische Volk eines der wichtigsten Ereignisse im Leben, das groß gefeiert wird; die Festlichkeiten dauerten bis vor kurzem tagelang[11]; die Hochzeit heißt in den Volksliedern γάμος oder χαρά. Die Hochzeitslieder heißen im Neugriechischen τραγούδια τοῦ γάμου oder νυφιάτικα τραγούδια; in Kreta heißen sie παστικά[12]. Das Wort hängt zusammen mit dem altgriechischen παστός = Brautgemach. Petropoulos[13] hat darauf hingewiesen, daß der schon bei Homer erwähnte Hymenaios den volkstümlichen Hochzeitsliedern Neugriechenlands ähnlich war. Typische Verse aus den Hochzeitsliedern Sapphos und Theokrits zeugen auch davon. Die Motive sind die gleichen: das Lob der Braut bzw. des Bräutigams, der Makarismos, die Glückwünsche der Verwandten und Freunde, die Verspottung des Bräutigams, der melancholische Ton oder das Wehklagen der Braut beim Abschied vom Vaterhaus. In ihrer Form sind sie einfach; sie fangen häufig mit einer Anrede an den Bräutigam bzw. an die Braut an; auch das dramatische Element fehlt nicht in Form eines Dialogs oder eines Wechselgesanges. Auch einer Hochzeitserzählung begegnen wir in einem dieser Lieder, in dem ähnlich wie bei Sappho[14] ein Refrain vorkommt.

Die Sprache zeigt Elemente, die den alten gleich sind. Der Bräutigam heißt γαμπρός, die Braut νύφη; »zur Frau ge-

Braut, Decken, ein Plumeau, Schürzen, Schmuck usw.
11. Vgl. Politis, Ehe 251 ff., Sakellarios 13 ff.
12. Laogr. 9 (1926) 211, Anm. 3.
13. Petropoulos Β´, Einleitung ιε.
14. Vgl. Sappho oben, Kap. IV, S. 93.

ben« (διδόναι γυναῖκα) heißt δίνω; »als Gattin heimführen« (ἄγεσθαι γυναῖκα) heißt παίρνω. Wir finden gleiche Symbole und Bilder im Bereich der Vögel, der Blumen, der Früchte: den Apfel, die Quitte, den Granatapfel, die Taube, das Rebhuhn, die Nachtigall, die Rose, das Veilchen. Daß ähnlich wie in den altgriechischen Hochzeitsliedern auch in den neugriechischen das Licht eine große Rolle spielt, hängt mit der griechischen Wirklichkeit zusammen, mit dem griechischen Himmel, der trotz aller irdischen Katastrophen vom Licht durchströmt ist. Das besingt ein namenloser neugriechischer Volksdichter:

Σήμερα λάμπ' ὁ οὐρανός, σήμερα λάμπ' ἡ μέρα,
σήμερα στεφανώνεται ἀετὸς τὴν περιστέρα.

**Heute strahlt der Himmel, heute strahlt der Tag,
heute nimmt der Adler die Taube zur Frau** [15].

Auch beim Schildern der Schönheit findet man Ähnlichkeiten. Die schlanke große Gestalt (wie eine Zypresse); die weiße Farbe der Haut der Braut erinnert an ἰόκολπος (Sappho) und λευκόσφυρος (Theokrit).
Der Text der neugriechischen Volkslieder ist mit dem Versmaß und mit der Musik eng verbunden. Ihre Versform hat man längst mit den antiken Versmaßen in Verbindung gebracht.[16] Kyriakidis hat mit Recht gefordert, daß man die Ansätze der Versform des neugriechischen Volksliedes nicht nur in der altgriechischen Dichtung suchen solle, sondern auch in der Musik und nicht zuletzt im Tanz.[17]

15. Politis Ehe, 265.
16. Vgl. Rangabis in Kyriakidis 111 mit Anm. 51.
17. Kyriakidis 127; Mastrodimitris 16.

Die Hochzeitsfeierlichkeiten spielen sich ähnlich wie in der Antike in drei Abschnitten ab. Die Vorbereitungen vor der Hochzeit dauerten in manchen Gegenden eine Woche. Bei jeder Vorbereitung wurden entsprechende Lieder gesungen. Überhaupt wird jeder Ritus vor, während und nach dem Hochzeitstag von Liedern begleitet. Die Vorbereitung fängt im Haus der Braut an, das Ganze endet mit den Schlußfeierlichkeiten im Haus des Bräutigams. Drei Tage wird das Hochzeitsbrot, τὰ ψωμιὰ τοῦ γάμου (vgl. πλακοῦς γαμικός[18]), gebacken. Einen Tag vor der Hochzeit geht der Bräutigam in Begleitung seiner Verwandten und Freunde in eine Badeanstalt. Dabei wird gesungen und getanzt. Wenn es keine Badeanstalt gibt, so wird dem Bräutigam nur der Kopf zu Hause gewaschen[19]; dabei singt man:

Περνᾶμε᾽ πὸ τριανταφυλλιά,
ἐπέσαν τὰ τριαντάφυλλα, τὰ κόκκινα καὶ τ᾽ ἄσπρα
κ᾽ ἐπῆγαν νὰ τὰ μάσουνε, ῥοδόσταμο νὰ κάνουν
νὰ λούσουν νύφη καὶ γαμπρό
καὶ πεθερὰ καὶ πεθερό
νὰ γενοῦν συμπεθεριό. [20]

Wir gehn am Rosenstock vorbei,
es fielen die Rosen, die roten und die weißen,
und sie gingen, um sie aufzulesen, um Rosenwasser
zu bereiten, um die Haare zu waschen der Braut
und dem Bräutigam,
auch der Schwiegermutter und dem Schwiegervater,
daß sie werden zu einer Verwandtschaft.

18. S. oben Kap. IV, S. 61.
19. Vgl. Politis, Ehe, 259 f.
20. Chasiotis in Politis, Ehe 260; Sakellarios 13.

Auch die Braut nimmt vor der Hochzeit ein Bad. Das Wasser dafür wird von einem naheliegenden Brunnen geholt;[21] dann wird sie gekämmt. Alle Einzelheiten dieser Zeremonie werden im Lied besungen und zwar in übersteigerter Weise. Mag die Braut schwarzes Haar haben, im Lied wird sie vierfach blond genannt, die Mädchen, die sie kämmen, sind Engel und die Kämme golden:

ἔχεις μαλλιὰ τετράξανθα στὶς πλάτες σου ῥιγμένα
σοῦ τὰ χτενίζουν ἄγγελοι μὲ τὰ χρυσὰ τὰ χτένια.[22]

Du hast so überblonde Haare, die über die Schulter
fallen,
dir kämmen sie die Engel mit ihren goldenen Kämmen.

Ebenfalls bei der Schmückung der Braut singen die Mädchen:

'Απὸ τὰ τρίκορφα βουνά
Γεράκι ἔσυρε λαλιά
πάψετ' ἀέρες, πάψετε
ἀπόψε κι ἄλλη μιὰ βραδυά.
'Αγώρου γάμος γίνεται
κόρη ξανθὴ παντρεύεται.[23]

Vom Berge mit den drei Gipfeln
stieß der Falke einen Schrei:

21. Vgl. Politis, Ehe 260 mit Anm. 3. Über die Lutra s. oben Kap. II, S. 40.
22. Politis, Ehe 261 mit Anm. 3; vgl. Sakellarios 15, Mangelsdorff 23.
23. Passow 520; vgl. Sakellarios 16, Kyriakidis 126.

»Hört auf, ihr Winde, höret auf
heut abend und morgen wiederum,
ein Jüngling hat das Hochzeitsfest,
er nimmt ein Mädchen blond zur Frau.

Zwar sind Lieder mit ähnlichem Inhalt aus der Antike nicht
erhalten, aber wir wissen, daß es eine νυμφεύτρια gab, die
die Braut schmückte; bei Hesych heißt sie νυμφοκόμος. [24]
Szenen mit der Schmückung der Braut sind auf Vasenbildern und Wandmalereien erhalten.[25]
Der hyperbolische Charakter der Hochzeitslieder zeigt sich
besonders beim Lob des Bräutigams bzw. der Braut. Die
Sonne, der Mond und überhaupt Licht und Leuchtendes
spielen dabei eine große Rolle. Die Sonne ist eifersüchtig
auf die Schönheit der Braut, und der Mond geht unter,
wenn er sie sieht:

Τῆς νύφης μας τήν ὀμορφιὰ ὁ ἥλιος τή ζηλεύει
καὶ τὸ φεγγάρι, σὰν τὴν δεῖ, στέκει καὶ βασιλεύει.[26]

Um die Schönheit unsrer Braut beneidet sie die Sonne,
und der Mond, wenn er sie sieht, bleibt stehen und
geht unter.

Dem Bräutigam aber schenkt die Sonne Schönheit, sie
spielt die Rolle der Moiren bei der Geburt des Kindes:

Γαμπρέ μου, ὄντα γεννήθηκες, ὁ ἥλιος ἐκατέβη
καὶ σού ᾿δωκε τὴν ὀμορφιά, καὶ πίσου πάλι ἀνέβη.[27]

24. Vgl. Hermann-Blümner 272.
25. Vgl. Fink 206, 42.
26. Petropoulos Β' 134; vgl. Mirasgesi 154.
27. Laogr. 19 (1960) 178.

Mein Bräutigam, als du geboren wardst, stieg die Sonne
herab und schenkte dir Schönheit und stieg wieder
empor.

In einem anderen Lied wird die Braut mit dem Mond verglichen:

Νύφη μου, ξάστερο νερὸ καὶ ξέλαμπρο φεγγάρι.[28]

Meine Braut, du klares Wasser, du leuchtender Mond!

Es gibt ein Lied, das nur aus einer Hochzeitserzählung besteht. Es schildert die Hochzeit des Mondes mit der Sonne. Darin werden nicht Braut und Bräutigam mit dem
Mond oder der Sonne verglichen, sondern die Sonne und
der Mond sind selbst das Brautpaar. Die Sterne kommen
als Gäste. Die Wiesen und Blumen werden zum Lager für
die Gäste. Das Festmahl besteht aus Blüten und Moschus.
Statt Wein trinken sie das Meer und die Flüsse. Politis
bemerkt, daß diese märchenhafte Erzählung der eigent-
lichen Hochzeit Glanz verleihen soll.[29] Das erinnert an die
Hochzeitserzählung von Hektor und Andromache (Sappho
fr. 44 V.), auch dort besteht das ganze Lied aus einer Erzählung, die »zur Verherrlichung des Festes die mythische
Hochzeit von Hektor und Andromache schildert« (Snell,
EdG 72). An die Stelle des Mythischen in Sapphos kunst-
vollem Hochzeitslied tritt im volkstümlichen Lied das
Märchenhafte:

'Ο ἥλιος ἐπαντρεύτηκε
κι' ἐπῆρε τὸ φεγγάρι

28. Politis, Ekl. Nr. 145,1.
29. Politis, Par. A', 127.

-τρυγόνα τρυγόνα.
Συμπέθερους ἐκάλεσε
καὶ τ' οὐρανοῦ τ' ἀστέρια
-τρυγόνα μου γραμμένη.
Καὶ στρώματα τοὺς ἔστρωσε
τὸν κάμπο μὲ λουλούδια,
τοὺς ἔβαλε καὶ φαγητὰ
τὸν ἄνθο μὲ τὸ μόσκο,
κρασιὰ τοὺς ἔβαλε νὰ πιοῦν
θάλασσα καὶ ποτάμια. ³⁰

Der Mond heiratete
und nahm zur Frau die Sonne
-Turteltaube, Turteltaube.
Als Verwandtschaft luden sie
auch des Himmels Sterne.
-Turteltaube, meine Schöne.
Und als Lager bereiteten sie
die Wiese mit den Blumen,
man trug ihnen auch Speisen auf,
die Blüte mit dem Wohlgeruch,
Wein zu trinken gab es auch,
das Meer und die Flüsse.

Der Refrain im Lied deutet auf die Treue der Braut hin. Die Turteltaube galt in der Antike als besonders treu.[31] Bei Aristoteles (H.A. IX 7, 613 a 14 heißt es: ἔχει δὲ τὸν ἄρρενα ἡ τρυγὼν τὸν αὐτὸν ... καὶ ἄλλον οὐ προσίεται. In den neugriechischen Volksliedern ist sie das Symbol der Treue geblieben.[32]

30. Mirasgesi 155 mit Anm.2.
31. Vgl. Thompson 175.
32. Vgl. Mirasgesi 155 mit Anm.5.

Die Braut trägt in unserer Zeit in verschiedenen Ländern einen dünnen Schleier, der das Gesicht nicht bedeckt. In Griechenland war es bis zum vorigen Jahrhundert üblich, daß dieser Schleier das Gesicht verhüllte. Erst beim Hochzeitsmahl wurde die Braut vom Bräutigam entschleiert, diese Sitte entspricht den Anakalypterien [33], dabei wurde in Thessalien folgendes Lied gesungen:

> Ἡ περιστερούλα ἡ νύφη μας
> κάθεται στὸν πόρο καὶ τραγουδᾶ,
> κι οὐδὲ νιὸν φοβᾶται οὐδ' ἄγωρον
> μόν' τὴν ἀνδραδέρφη τὴν πύρινη
> ὅπου τὴν σηκώνει πολλὰ ταχύ:
> -Σήκω, κυρὰ νύφη, ὅτι ἔφεξε
> πότε θὰ ζυμώσεις ἐννιὰ ψωμιὰ
> νὰ ξεπροβοδίσεις ἐννιὰ βοσκούς
> καὶ νὰ καρτερέσεις ἄλλους ἐννιά.[34]

> Das liebe Täubchen, unsre Braut,
> sie sitzt am Weg und singet;
> nicht Knaben, nicht Jüngling fürchtet sie,
> nur die Schwägerin, die hitzige,
> die sie aufweckt in aller Früh:
> »Steh auf, Frau Braut, es ist heller Tag,
> wann bäckst du die neun Brote,
> daß du neun Schäfer weggeleitest
> und andere neun erwartest?«

Das Mahl beschließen Segenswünsche [35] wie in der Antike:

---

33. S. oben Kap. II S. 40.
34. Fauriel II 238; Passow 619; vgl. Wachsmuth 98: Politis, Ehe 266 mit Anm.2; Mirasgesi 165, Anm.2.
35. Vgl. Sa. fr. 141 V.. s. oben Kap. V, S. 108.

Νά 'ναι ὁ γαμπρὸς πολύχρονος κι ἡ νύφη καλομοίρα![36]

Der Bräutigam soll lange leben, die Braut möge glücklich sein!

Γαμπρὲ χρυσέ, γαμπρὲ ἀργυρὲ γαμπρὲ καμπανοφρύδη
σ᾽ εὐχειέμαι ἐγὼ ἡ μαννούλα σου νὰ ζήσης νὰ γεράσης
νὰ ζήσης χρόνους ἑκατὸ καὶ νὰ τοὺς διαπεράσης...[37]

Du goldener Bräutigam, du silberner Bräutigam,
Bräutigam mit den schönen Augenbrauen,
ich, deine liebe Mutter, wünsche, du mögest leben,
alt werden,
mögest leben hundert Jahre lang und noch darüber ...

Gegen Abend [38] wurde die Braut heimgeführt. Der
Abendstern gibt schon bei Sappho [39] das Zeichen für den
Aufbruch der Braut vom Elternhaus. Bei Sappho wird ein
melancholischer Ton angeschlagen, der Abendstern nimmt
»das Mädchen weg von der Mutter«, bei Catull ist ausdrücklich gesagt: der Abendstern ist grausam.[40] In beiden
Fällen ist dies wohl von den Mädchen gesungen worden;
sowohl bei Sappho als auch bei Catull handelt es sich um
Wechselgesang zwischen Mädchen und jungen Männern.
Wenn die jungen Männer bei Catull (62, 25) von Hesperus
singen, so ist sein Licht für sie ein freudevolles Zeichen.

36. Politis, Ekl. 145, 5.
37. Laogr. 4 (1913) S.139.
38. In Griechenland finden die Hochzeiten (die kirchliche
    Trauung) auch heute noch meistens am Abend statt.
39. Vgl. oben Kap. IV, S. 97 f.
40. Vgl. Anm. 39.

Ähnlich singt in einem neugriechischen Hochzeitslied der Bräutigam vom Abendstern, wenn er kommt, um seine Braut heimzuführen:

Αὐτὸ τ' ἀστέρι τὸ λαμπρό, ποὺ πάει κοντὰ στὴν Πούλια,
αὐτὸ μοῦ φέγγει κ' ἔρχομαι, κόρη μ', στὸν ὀβορό σου.
Χτυπῶ τὴ θύρα δυὸ φορές, τὸ παραθύρι πέντε.
»Σήκω ν' ἀλλάξῃς, κόρη μου, νὰ βάλῃς τ' ἄρματά σου,
γιατ' ἦρθαν νὰ σὲ πάρουνε πεζούρα καὶ καβάλλα.
Χίλιοι ἔρχονται καβαλλαριά, κι' ἄλλοι χίλιοι πεζούρα,
'ξῆντα μουλάρια κουβαλοῦν σιτάρι γιὰ τὸ γάμο.[41]

Der strahlende Stern, der da dem Siebengestirn naht,
der leuchtet mir, mein Mädchen, und ich komm'
                      zu deinem Hof.
Ich klopfe an die Tür zweimal und fünfmal an
                      das Fenster.
»Steh auf, mein Mädchen, zieh' dich um und rüste
                      dich,
sie kommen, und sie holen dich zu Fuß und auch
                      zu Pferde.
Es kommen Tausende zu Pferde und Tausende zu Fuß,
und sechzig Maultiere schleppen Getreide her für
                      die Hochzeit.«

In ähnlicher Weise gehören die Maultiere seit altersher zur Heimführung der Braut[42]. In gewissem Sinne ist die Heirat auch eine traurige Angelegenheit für das Mädchen; sie verläßt das elterliche Haus, zieht in das Haus des Bräutigams. Es gibt Abschiedshochzeitslieder, die fast so traurig wie die Klagelieder klingen. Besonders schwer fällt

---

41. Politis, Ekl. Nr. 142.
42. Vgl. Sa. fr. 44, 14 V.; Phot. Lex. 52, 22.

der Abschied von der Mutter[43]. In diesen Liedern wird häufig der Schmerz der Mutter und nicht der Schmerz der Braut geschildert:

Μὲ πάντρεψες μαννούλα μου, καὶ μ' ἔδωκες στὰ ξένα
Σ' ἀφίνω γειὰ μαννούλα μου κι' ἕνα γυαλὶ φαρμάκι
νὰ πίνης λίγο τὸ πρωΐ λίγο τὸ βράδυ-βράδυ.
Μάννα μου, τὰ λουλούδια μου γλυκὰ νὰ τὰ ποτίζῃς
τὸ βράδυ βράδυ μὲ δροσιὰ καὶ τὸ πρωΐ μὲ δάκρυα.
μαννούλα μου γλυκειά.[44]

Liebe Mutter, du hast mich verheiratet und mich in die
           Fremde gegeben.
Liebe Mutter, ich lasse dir einen Abschiedsgruß und
ein Glas mit bitterem Trunke.
Du sollst ein wenig in der Früh, ein wenig am Abend
           trinken.

43. Das Motiv des Abschieds der Braut von der Mutter kommt schon bei Sa. fr. 104, 2 a V. vor.
44. Petropoulos Β', S. 119; vgl. Mirasgesi 160.
Mirasgesi (161) bietet auch ein estnisches Hochzeitslied aus der Sammlung von Herder, Stimmen der Völker in Liedern, Leipzig-Berlin 1885, S. 236:
Schmück dich, Mädchen, eile, Mädchen. Schmükke dich mit jenem Schmucke, der einst deine Mutter schmückte. Lege an dir jene Bänder, die die Mutter einst anlegte. Auf den Kopf das Band des Kummers, vor die Stirn das Band der Sorge; sitze auf den Sitz der Mutter, tritt auf deiner Mutter Fußtritt. Weine, weine nicht, o Mädchen, wenn du bei dem Brautschmuck weinest, weinest du dein ganzes Leben.

Meine Mutter, gieße meine Blumen sacht,
am späten Abend mit dem Tau, am Morgen mit den
Tränen, oh liebe Mutter.

Wir haben von den Hochzeitsliedern gesprochen, die auf
Kreta παστικά heißen. Sie werden im Wechselgesang von
den Verwandten der Braut und des Bräutigams gesungen,
wenn letztere kommen, um zusammen mit dem Bräutigam
die Braut[45] zu holen. Sie stehen vor der geschlossenen
Tür des Brauthauses, die man erst aufmacht, wenn die
Verwandten des Bräutigams singen:

'Ανοίξετε τὴν πόρτα σας 'Ανατολὴ καὶ Δύση,
ν' ἀποδεκτῆτε τὸ γαμπρό τ' ὄμορφο κυπαρίσσι.[46]

Öffnet eure Tore, du Osten und du Westen,
daß ihr empfangt den Bräutigam, der schön ist
wie eine Zypresse.

Das erinnert an Sappho fr. 111. [47]Nun wird die Tür aufge-
macht, und die Verwandten der Braut singen:

Θωρεῖς πῶς σᾶς τὴν δίνομε; ρόδο νὰ ξεφουντώσει.
Νὰ μὴ μᾶς τὴ μαλώνετε, γιὰ θὰ κακοποδώση.[48]

Siehst du, wie wir sie euch geben? Wie eine
                                erblühende Rose.
Ihr sollt sie uns nicht schelten, weil sie
                                verkommen wird.

45. Laogr. 9 (1926) 211, Anm.3.
46. Laogr. a.O. S. 215.
47. S. oben Kap. IV, S. 93.
48. Laogr. a. O.

Die Braut wird bald mit der Rose, bald mit dem Veilchen
verglichen:

'Επήραμέ σας την ἐμεῖς τὴ βιόλλα τὴν καρνάδα
κι ἀφήσαμέ σας τὸ χωριὸ μὲ δίχως νοστιμάδα.

Wir haben es euch genommen, das Veilchen, das rote,
und haben euch das Dorf ohne Schönheit gelassen.

Darauf antworten die Verwandten der Braut:

'Εμεῖς σᾶς τηνε δώσαμε χατήρι τοῦ γαμπροῦ σας
καὶ πρέπει νὰ τὴν ἔχετε πρεπάδι τοῦ χωριοῦ σας.

Wir haben sie euch gegeben, eurem Bräutigam zuliebe,
und ihr sollt sie haben als Zierde eures Dorfes.

Diese Wechselgesänge sind eine Art scherzhaften Wett-
streites. In ähnlichem Sinn könnte man vielleicht Sappho
fr. 105 a V. und fr. 105 b V. verstehen.
Wenn das Brautpaar im Haus des Bräutigams ankommt,
finden neue Feierlichkeiten statt. In Kreta wird die Braut
an der Tür empfangen, indem man ihr Honig mit Nüssen
und Sesam anbietet, ein alter Brauch (vgl. Schol. zu Aristoph. Pax 869[49]). Ebenfalls alt ist die Sitte, der Braut
beim Betreten des Hauses als Fruchtbarkeitssymbol einen
Granatapfel[50] zu schenken oder ihn auf den Boden zu
werfen, damit er zerplatzt. In Epirus pflegte die Braut
noch vor einigen Jahren durch den Keller, wo die Vorräte
aufbewahrt werden, in das Haus einzutreten; dabei sang
man folgendes Lied:

49. Vgl. oben Kap. IV, S. 61.
50. Vgl. Alkman, P. Oxy. XLV 3213, 13; weiter Politis,
    Ehe 295.

"Εμβα νύμφη 'ς τὸ κελάρι
πάρε μῆλο, πάρε ρό·ἴδο
πάρε κόκκινο σταφύλι
νά δροσίσ' τὸν πενθερόν σου
νά δροσίσ' τὴν πενθεράν σου.[51]

Komm herein, Braut, in den Keller,
nimm einen Apfel, nimm einen Granatapfel,
nimm eine rote Traube,
sollst deinen Schwiegervater erquicken,
sollst deine Schwiegermutter erquicken.

**Nach der Brautnacht werden von einem Chor Wecklieder
gesungen.**
**Wir haben ein Wecklied bereits besprochen. Theokrits
Epithalamion hat einen scherzhaften Ton; der Mädchenchor
macht sich lustig über den Bräutigam, der zu früh einge-
schlafen ist. Theokr. 18, 9**

Οὕτω δὴ πρωιζὰ κατέδραθες, ὦ φίλε γαμβρέ;
Ἦ ῥά τις ἐσσὶ λίαν βαρυγούνατος; ἦρα φίλυπνος;
Ἦ ῥα πολὺν τιν' ἔπινες ὅκ' εἰς εὐνὰν κατεβάλλευ;

Es gibt auch neugriechische Wecklieder, die ξυπνητούρια
oder παραξυπνήματα **heißen; eins davon weist große Ähnlichkeit mit den Versen Theokrits auf:**

Ἀκοῦς, ἀκοῦς, κύριε γαμβρέ,
τὸ τί σοῦ λέει ἡ μάνα σου;
Μὴ φᾷς, μὴ πιῇς πολὺ κρασὶ
καὶ πέσῃς καὶ παρακοιμηθῇς.[52]

51. Sakellarios 22.
52. Laogr. 18 (1959) S. 51, Anm. 17.

Hörst du, hörst du, Herr Bräutigam,
was deine Mutter dir sagt?
Iß nicht zuviel, trink nicht zuviel Wein,
sonst gehst du zu Bett und verschläfst.

Petropoulos[53] meint, daß Theokrit seine Verse aus einem Volkslied übernommen und umgestaltet hat.
Die Vögel sind ein festes Motiv in den Weckliedern; bei Sappho fr. 30, 8 ist vielleicht die Nachtigall gemeint, ebenfalls bei Theokrit (18, 55 f.). In einem neugriechischen Volkslied zwitschern die Vögel, d.h. sie sind schon wach, ein Zeichen, daß es hell ist; in einem anderen wekken die Vögel den Bräutigam:

Καλημέρα, νιόγαμπρε,
ξύπνα καὶ ξημέρωσε·
τὰ πουλάκια κελαδοῦ,
κι οἱ ἀθρῶποι περπατοῦ.
Ξύπνα καὶ τὴν πέρδικά-σου,
πού 'χεις μές στὴν ἀγκαλιά-σου.[54]

Guten Morgen, Jungvermählter,
wach auf, es ist taghell,
die Vöglein zwitschern,
die Menschen spazieren.
Weck auch dein Rebhuhn auf,
das du im Arm hältst.

Τώρα τὴν αὐγή, τώρα τὴν κονταυγούλα,
τώρα τὰ πουλιά, τώρα τὰ χελιδόνια
τώρα οἱ πέρδικες, ξύπνα, λαλοῦν καὶ λένε

53. Laogr. a. O. 17.
54. Laogr. 19 (1960) S. 112.

ξύπν᾽ ἀφέντη μου, ξύπνα, καλέ μου ἀφέντη,
ξύπν᾽ ἀγκάλιασε κορμί κυπαρισσένιο
κι ἄσπρονε λαιμό ...[55]

Jetzt im Morgenlicht, jetzt beim Morgendämmern,
jetzt singen die Vögel, die Schwalben,
jetzt singen die Rebhühner: wach auf, singen sie
                                    und sagen:
wach auf, mein Herr, wach auf, mein lieber Herr,
wach auf, umarme den zypressengleichen Leib,
                            den weißen Hals...

Diese Ausführungen können das Thema nicht erschöpfend behandeln. Sie stützen sich nicht auf vollständiges Material, wenngleich die herangezogenen Beispiele typisch sind; sie sollen lediglich als Hinweis und vielleicht als Anregung zu gründlicheren Untersuchungen aufgefaßt werden, die vielleicht folgende Ergebnisse bekräftigen und erweitern. Die Ähnlichkeit zwischen den altgriechischen Hochzeitsliedern und den entsprechenden Volksliedern der neuen Zeit erklärt sich hauptsächlich dadurch, daß die antiken Hochzeitsbräuche in Griechenland bis zu unseren Tagen mehr

55. Laogr. 18 (1959) S. 19;
Petropoulos bemerkt zum Lied, daß es eines der bekanntesten sei, und gibt eine Version des Liedes, die zwar inhaltlich gleich mit der hier abgedruckten ist, weicht jedoch im Wortschatz ab. Die hier abgedruckte Version haben wir von Wachsmuth übernommen, der folgendes dazu bemerkt: »Da ein derartiger Gesang weder in der Passow'schen Collection der neugriechischen Volkslieder noch sonst meines Wissens irgendwo gedruckt ist, theile ich einen aus meiner Sammlung in dem Urtexte mit.« (99).

oder weniger gleich geblieben sind. Sowohl die antike Kunstdichtung als auch das neugriechische volkstümliche Hochzeitslied schöpften die Motive und die Symbole aus entsprechenden Hochzeitsriten. Ein Beispiel dafür ist Theokrits Ἑλένης ἐπιθαλάμιος im Vergleich zu manchen neugriechischen Hochzeitsliedern, die wir erwähnt haben. Die Sprache der Symbolik ist so ähnlich, daß viele Wörter gleich geblieben sind. Das gilt für Vögel, Blumen, Früchte.
Was die Form betrifft (Erzählung, Dialog, Wechselgesang), so kann man nicht sagen, daß der neugriechische Volksdichter z.B. Sapphos Epithalamien kannte, als er das Lied von der Hochzeit des Mondes mit der Sonne dichtete. Und doch ist das Lied in gewissem Sinne mit Sappho fr. 44 V. vergleichbar. Sowohl bei den alten wie auch bei den neuen Griechen gilt die Hochzeit als ein besonders festliches Ereignis, das sie je nach den Mitteln, über die sie verfügen, verherrlichen; Sappho gebraucht den Mythos, der volkstümliche Dichter Neugriechenlands das Märchen. Auch Sappho schöpfte aus der volkstümlichen Tradition ihrer Zeit; der Dialog und der Wechselgesang scheinen typische, traditionelle Formen des Hochzeitsliedes zu sein.
Ein Reisender unseres Jahrhunderts schildert eine Hochzeitsfeier, die er auf Kreta erlebte. Seine Beschreibung zeigt den unmittelbaren Zusammenhang zwischen den Sitten und Gebräuchen in der Antike und im neuen Griechenland:
»Als wir in das Dorf heimkehrten, fanden wir dort alles auf den Beinen. Die Mitgift wurde in feierlichem Schaugepränge vom Haus der Braut ins Haus des Bräutigams gebracht. Schon hatte der Zug, vom jenseitigen Ufer kommend, die untere gewölbte Brücke überquert und bewegte sich bachaufwärts. Voraus schritten zwei Musikanten mit Klarinette und dem kretischen Fiedelinstrument, der sogenannten Lyra. Ihnen folgte ein Knabe, der

ein Körbchen in den Händen trug. In ihm waren die kleineren und kostbaren Gaben vereint. Ich konnte ein Riechfläschchen und einen seidenen Schlüpfer erspähen. Dann kamen in langem Zug Maultiere und Esel. ...
Das kretische Gastmahl war kein Festessen nach europäischer Art, keine Mahlzeit mit festen Gängen. Es gab da keine Tischreden mit geistreichen Redewendungen oder abgetrabten Phrasen. Die Speisen wurden vielmehr in langer Abfolge und in losen Abständen einzeln aufgetragen. Dazu wurde der Hochzeitsgesang angestimmt. Es war ein Wechselgesang, der wie das Gastmahl selber mehrere Stunden dauerte. Er hatte zweiundvierzig Strophen. Es sang jeweils die eine Tischseite, dann erwiderte nach einer Zeit die Gegenseite. In den Zwischenpausen wurde gelärmt, gelacht, gegessen und getrunken. Aber es war nicht jene formlose Weinseligkeit, die bei uns so häufig einreißt und sich in banal-sentimentalen Liedern kundtut. Alles spielte sich in festen, durch den herkömmlichen Brauch geprägten Formen ab. Über allem Lärmen, aller Festesfreude lag etwas wie feierlicher Ernst gebreitet. ... Vielleicht ist das Bedeutendste, was der fremde Reisende aus Griechenland mitnehmen kann - oder doch mitnehmen könnte-, die Einsicht, daß in diesem Lande Stufen, welche die Menschheit in ihrer Entwicklung durchlaufen hat, etwa die vorgeschichtliche, die archaische neben der modernen auf engstem Raume beieinander wohnen und als heute noch lebendige Daseinsformen erfahren werden können. Hier am Fuß der Weißen Berge Kretas war die Lebenshaltung durch und durch archaisch.« (Hampe 226-228). [56]

56. R. Hampe, Hochzeit auf Kreta, in: Edwin Redslob zum 70. Geburtstag, Berlin 1955, 224-233.

STELLENREGISTER

Aischylos
 Ag.990: 87
 fr.43 R.: 100
 inc.fab.fr.314 R.: 87

Alkaios
 44,7.343: 78[20]

Alkman
 fr.1: 52, 54-60
  1,50: 49
  17,4: 60
  19: 60-63
  80.81: 53
  96: 61
 P.Oxy.XLV 3209
  fr.1,4.8-9. 4,3: 47-49
 P.Oxy.2443 fr.1+3213:
  50-54, 54[20], 127[50]

Anakreon
 fr.417,15: 49

Anaxandrides
 Protesilaos fr.41,2: 63

Apollonios Rhodios
 4,1156f.: 31

Archilochos
 fr.25: 65[8]

Aristainetos
 Ep.1,10: 85

Aristophanes
 Aves: 29
  159: 62
  1709f., 1748f.: 56

Nub.41f.: 39
Pax 869: 61, 127
Plut.761: 49[8]

Aristoteles
 H.A.IX 7,613a 14: 121

Athenaios
 III 81 D: 64[2]
  110 F f.: 60, 61
 IV 172 D: 66[17]
  185 B 19-26: 39[19]
 X 451 D: 64[2]

Caesius Bassus
 6,258,15f.K.: 71[5]

Catull
 61: 27[14], 90
 61,21: 56
 61,151ff.: 83[30]
 62: 55, 96
 62,25: 123
 62,32: 55
 64,43-49.269-275: 56

Demetrios
 Eloc. 106: 96
  132: 68
  141: 98
  148: 95
  167: 92

Demosthenes
 27,4: 36[12]

Ps.Dionysios Halik.
 ars rhet. 2,5 II: 105